食用菌栽培技术丛书

双孢蘑菇设施栽培实用技术

陈青君　魏金康　主编

中国农业大学出版社
·北　京·

内 容 简 介

本书内容包括双孢蘑菇的概述、生物学特性、培养料堆制与发酵技术、覆土、菌种、农业式顺季节栽培、工厂化栽培、采收和主要病虫害防控。其中重点讲述了国内隧道发酵技术进展和工厂化双孢蘑菇菇房管理技术。书中采用的图片绝大多数来自作者近几年的实际科研和实践。本书突出技术的实用和实践操作，尽量反映双孢蘑菇近两年的最新成果和技术，适于基层生产领域的技术人员、管理人员和高等院校师生参考阅读。

图书在版编目(CIP)数据

双孢蘑菇设施栽培实用技术/陈青君，魏金康主编．—北京：中国农业大学出版社，2015.4

ISBN 978-7-5655-1213-1

Ⅰ．①双…　Ⅱ．①陈…②魏…　Ⅲ．①双孢蘑菇-蔬菜园艺　Ⅳ．①S646.1

中国版本图书馆 CIP 数据核字(2015)第 079411 号

书　　名　双孢蘑菇设施栽培实用技术
作　　者　陈青君　魏金康　主编

策划编辑	孙　勇	**责任编辑**	田树君
封面设计	郑　川	**责任校对**	王晓凤
出版发行	中国农业大学出版社		
社　　址	北京市海淀区圆明园西路 2 号	**邮政编码**	100193
电　　话	发行部 010-62818525，8625		读者服务部 010-62732336
	编辑部 010-62732617，2618		出　版　部 010-62733440
网　　址	http://www.cau.edu.cn/caup	**e-mail**	cbsszs @ cau.edu.cn
经　　销	新华书店		
印　　刷	涿州市星河印刷有限公司		
版　　次	2015 年 4 月第 1 版　　2015 年 4 月第 1 次印刷		
规　　格	880×1 230　　32 开本　　5.5 印张　　107 千字　　彩插 2		
定　　价	15.00 元		

主　编　陈青君　魏金康

副主编　王守现　师迎春

参　编　（按姓氏拼音排序）

邓德江　刘瑞梅　刘　昕　李方乔

李继显　李春伶　沙　飞　商洪义

王贺祥　张国庆　赵　龙　昝宏平

张海萍　宗海杰

序

随着食用菌产业的健康发展和人民生活水平提高后对食用菌营养保健功能的认识提高，食用菌产品越来越受到大众的青睐。北京市有2 000多万人口，食用菌消费市场很大，需求的数量和品种也很多，北京及周边地区发展食用菌种植市场前景广阔。

2011年北京成立了食用菌创新团队，对产业的发展起到了强有力的支撑作用。在这个平台支持下，岗位专家与综合试验站、田间学校工作站密切合作，开展了一系列食用菌高产试验、新品种、新技术试验示范以及新设施设备的引进利用工作，在对全市的食用菌进行了反复调研的基础上，对先进技术进行了总结、归纳和提炼，针对全市的主要栽培菇种编写了这套实用系列丛书，以供广大菇农学习参考。

北京市食用菌创新团队

2014年12月

前　言

随着中国经济的腾飞，人民生活水平快速提高，国内市场对双孢蘑菇鲜品需求旺盛，市场价格较好。中国国内的双孢蘑菇产业已引起国内外食用菌业界的高度关注，产业正在成为投资热点，处于战略转型的关键时期。与此同时，传统的土法生产（顺季节）、从欧美引进的现代化双孢蘑菇种植技术以及中国式的双孢蘑菇工厂化种植模式在国内并存。

北京地区的双孢蘑菇产业主要集中在密云的尖岩村、苇子峪村、太师庄村、生茂菇厂和通州的西集镇、草场村、怀柔的长哨营。栽培设施种类有高架棚菇房（福建模式）、日光温室和控温菇房。前两种传统栽培方式由于菇房内部环境依靠自然气候，外部环境因堆料导致卫生差、病害严重，菇房内部工作环境窄小、劳动强度大等原因，目前已经所剩无几。北京生茂鲜菇厂是 20 世纪 80 年代最早引进美国设备、21 世纪又进一步引进荷兰设备的蘑菇厂，曾经为 2008 年奥运会专供双孢蘑菇，其单个菇房生产过程全部在电脑控制下进行，可达到 30 kg/m^2 产量。但由于存在投资和运营等诸多问题，目前北京双孢蘑菇能够进行工厂化种植的企业和合作社仅有少数几家，并且受外地市场影响主要开展反季节种植。

荷兰一直是世界双孢蘑菇种植技术及种植设备的开创者和领导者，欧美的双孢蘑菇生产技术已经非常成熟。由于东西方文化、理念和经济发展水平的差异，中国从西方引进先进的双孢蘑菇菌种、技术和设备时，如何求同存异，洋为中用，消化和吸收西方双孢蘑菇产业先进的理念、成熟的经验是我国双孢蘑菇产业面临的首要问题。由于国内双孢蘑菇工厂化栽培历史较短，其栽培的模式还在不断地完善之中，本书是近几年国内生产的一些实践和总结，不当之处敬请批评指正。

编　者

2015 年 3 月

目　录

第一章 概 述

一、概念

双孢蘑菇(*Agaricus bisporus*)别名蘑菇、洋蘑菇、白蘑菇,欧美各国生产经营者常称之为普通栽培蘑菇(common cultivated mushroom)或纽扣蘑菇(button mushroom)。双孢蘑菇在分类上隶属担子菌门,伞菌目,蘑菇科,蘑菇属。因其肉质肥厚细嫩,味道鲜美,营养丰富,又具有较高的保健功能,被欧洲人誉为"植物肉",美国人称为"上帝的食品",深受国内外消费者欢迎。目前全世界有 100 多个国家或地区栽培双孢蘑菇,产值数十亿美元,有"世界菇"之称,也是最早实现周年化、工厂化生产的食用菌,其中产量最多的是中国、美国、法国、荷兰、英国等。在发达国家工业化生产已逐渐成为双孢蘑菇栽培的主导模式,我国目前大多数农户的双孢蘑菇栽培仍为季节性农业式生产为主,有些企业和合作社开始了工厂化栽培,其栽培水平和规模还处于起步阶段。

二、国内外双孢蘑菇产业发展现状

双孢蘑菇栽培起源于法国路易十四时代,距今已有 300

多年。目前欧美国家的双孢蘑菇产业已经非常发达和成熟，实现了产业专业化分工，栽培料和覆土材料由大型专业公司制作，供给众多家庭菇场栽培出菇，把大公司的资本技术优势与家庭菇场的劳动效率优势结合起来，分工合作的产业模式使得先进技术得以应用推广，提升了欧洲整个蘑菇产业的效益。此外，欧洲生产双孢蘑菇使用的是麦秆和鸡粪，有一系列的制作程序与机械设备参与，栽培者可以购买发好菌的培养料，从而免去最繁重、工作条件最恶劣的劳动环节，以便将精力集中于菇场的出菇管理，使双孢蘑菇栽培成为饶有兴致的园艺活动。目前较为知名的企业有 Christiaens Group、美国 Monterey Mushroom、Giorgio Food 公司和一些菌种企业，如 Amycel、Sylvan、Lambert 等。

我国双孢蘑菇栽培的历史较短，20 世纪 30 年代福建有小规模的栽培，但规模性栽培始于 60 年代，1979 年开始引进二次发酵技术，80～90 年代引进了一批国外的工厂化生产设备，但由于种种原因，双孢蘑菇产业工厂化进程缓慢。但在育种方面福建省农业科学院食用菌研究所先后培育了 As2796、W2000、W192 菌种，对产业的发展起到了重要的作用。

我国目前菇农多数采用农业式应季栽培方式，由于传统的栽培模式与正在高涨的人工成本、劳动强度产生矛盾，机械化堆料、新型的菇房建设正在被生产者和产业发展指导所采纳。工厂化隧道和标准化菇房建设成为产业再投入时的重要选择，双孢蘑菇产业正在面临着一个重要的转型阶段。

目前存在的问题是，工厂化资金投入大、生产环节多，技术难度大等是企业经常忽视的问题，国内在对产业发展理念上的差异导致投资观念和管理观念的差异，具有现代农业装备条件的双孢蘑菇工厂化产业尚有待形成。在研究方面，我国对双孢蘑菇菌种、培养料制备和出菇控制的基础理论研究还很匮乏。发酵隧道建造缺少工程专家的参与，对发酵过程微生物区系的变化，发酵参数的控制知之甚少。在栽培模式上有一些介于传统和工厂化之间的过渡型栽培模式、中国式爱尔兰栽培模式和半工厂化模式，采用何种模式，多大规模能够持续立足市场，如何与罐头企业联合等问题有待探索。

双孢蘑菇稳定生产的关键在于栽培原料的稳定，培养料的制作，泥炭土等覆土材料的制备，以及对病虫害的预防，我国的从业者尚有必要充分认识和理解。

由于双孢蘑菇周年供应方面的利润空间、国家设施农业结构的调整和综合国力的提高，双孢蘑菇工厂化生产正在崛起，如山东集盛食品有限公司、辽宁焕然菌业、聊城奥登等；还有不少企业家跃跃欲试，如漳州龙海企业家准备到苏北灌南进行投资，与美国著名企业合作，进行双孢蘑菇工厂化栽培，置菇房 300 余间，计划日出菇量 100 t，规模之大，为近期之最。福建紫山集团在江苏洪泽建厂，引进欧洲控制程序设备，四川成都、南充等地有三家中型企业也在运行之中，山东聊城、邹城等地也在鲜蘑菇高价位刺激下进行着栽培模式的改良，国内几家双孢蘑菇专用设备厂也在加紧研发，这都预示着我国双孢蘑菇栽培开始向工厂化栽培模式探索和转型。

第二章 生物学特性

一、形态特征和生长条件

(一)形态特征

双孢蘑菇的基本形态可分为两大部分。一是构成菌床主体的菌丝体;二是生长在菌床表面的子实体,如图 2-1 所示。

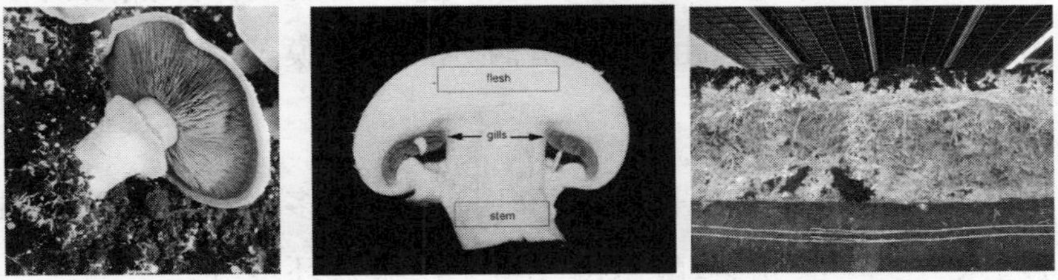

图 2-1 双孢蘑菇的基本形态

1. 菌丝体

双孢蘑菇菌丝体是由无数管状细胞组成,被称作营养器官,菌丝体多为白色至灰白色,栽培养菌期间,菌床中的菌丝体形态主要为绒毛状菌丝。菌床在覆土调水时,特别是在喷结菇水前后,土层中的菌丝体由绒毛状转变成线状。线状菌丝除具备结菇功能外还会继续交织、增粗，形成菌丝束。菌丝束呈现束状或根须状，主要作用是输送养分和支撑子实体的生长。

2. 子实体

双孢蘑菇子实体俗称菇体，它由菌丝发育而来，是供人们食用的部分，被称作繁殖器官。双孢蘑菇子实体有白色、浅褐色，发生初期，其体形很小，似米粒状或铆钉帽状的原始小菇蕾，所以人们俗称其为米菇、钉头菇。菇蕾逐渐分化发育，长出菌盖，菌柄的雏形，呈倒葫芦形，黄豆粒大小时，菌柄逐渐增粗，菌盖不断长大，并由球形变为半球形，菇蕾发育成纽扣状幼菇。幼菇长大后，子实体发育并进入成熟期。成熟后的子实体外形呈伞状，它由菌盖、菌柄、菌褶、菌膜等部分组成。

（二）生长条件

影响双孢蘑菇生长发育的环境条件很多，主要有营养、温度、水分、空气、光照、酸碱度及覆土层微观环境等。

1. 营养

双孢蘑菇是一种草腐菌，属异养型生物，体内无叶绿素，不能通过光合作用来制造养分。所需的营养物质主要是碳源、氮源和无机盐。碳源主要来自作物秸秆，常用的氮源是粪肥、饼肥和化肥。双孢蘑菇菌丝分解纤维素和木质素的能力差，也不能直接吸收蛋白质，不能用未经发酵腐熟的培养料栽培双孢蘑菇。培养料必须通过堆制发酵，经物理、化学的作用和微生物降解，才能达到能够被双孢蘑菇利用的状态。

双孢蘑菇生长发育所需要的无机盐包括主要元素磷、钾、钙、镁等和微量元素铁、铜、锌、硼、钼等，在培养料、覆土层和栽培用水中均有一定含量，不足部分一般在培养料配制时加入。

2. 温度

双孢蘑菇不同温型的品种以及在不同的生长发育阶段，对温度的要求不同，常用的中低温型品种的发菌温度为 6～32℃，最适温度为 22～24℃，超过 33℃基本停止生长，35℃以上死亡。出菇的温度范围为 6～22℃，最适温度为 13～16℃。双孢蘑菇发菌阶段除注意环境温度变化外，更要注意料温的检测，后者一般较前者要高。出菇期间，要保持菇场内温度相对稳定，温度变化剧烈，对菇体发育不利。

在子实体形成期间，尤其是从幼蕾到幼菇阶段，温度只能维持原温，不可使之回升，否则会造成大批薄皮硬开伞菇或大量菇蕾萎缩死亡。因为菌丝实质上像相互连通的"管子"，在较低温时菌丝相互扭结，形成菇蕾，养分借助菌丝细胞中原生质的流动集中运往菇蕾供生长发育，若温度回升，尤其是较高温度时间偏长，菌丝又把菇蕾中的养分输送给周围的菌丝，供菌丝蔓延生长，结果使大批幼菌蕾死亡。孢子散发的温度以 18～20℃为最好，若超过 27℃，就是相当成熟的子实体，也不会发出孢子。孢子萌发的温度以 24～26℃为最佳，过高或过低都会延长萌发时间或不萌发。

3. 水分

双孢蘑菇所需水分主要来自培养料和覆土层，其次是空气湿度。双孢蘑菇培养料在堆制发酵期间，含水量应调节在65%～70%，产菇期培养料含水量应控制在62%～65%。覆土层的含水量一般控制在18%～22%。发菌期间，空气湿度要求在60%～70%，不得超过75%。出菇期间空气相对湿度应提高到90%左右。湿度过低菌床容易失水，菇盖会产生鳞片，菌柄会出现空心，即空心菇现象。湿度过高，菌床易发生病害，菇体会出现锈斑、红根等症状。

4. 空气

双孢蘑菇是一种好氧性真菌，其呼吸作用是吸收氧气，排出CO_2，在栽培双孢蘑菇过程中，菌丝体和子实体的呼吸作用以及对培养料的分解过程中会不断产生CO_2、NH_3、H_2S等有害气体，如果这些有害气体积累到一定浓度，就会对菌丝生长和子实体发育产生抑制或毒害作用。因此，菇房经常性的通风换气，是栽培双孢蘑菇中极重要的管理工作。

5. 光照

双孢蘑菇菌丝体和子实体生长发育阶段都不需要光照，在黑暗条件下，子实体发育顺利，且菇体色泽洁白度高，双孢蘑菇忌阳光直射，菌床管理可采用无光线的黑暗条件。但间接微弱的散射光对双孢蘑菇生长没有妨碍。

6. 酸碱度

双孢蘑菇适宜在中性偏酸的环境中生长，菌丝生长的最适 pH 为 6.8～7.0，子实体发育阶段 pH 为 6.5～6.8，栽培过程中由于菌丝的代谢作用会产生碳酸、草酸等有机酸，致使菌床逐渐变酸。所以，播种时培养料的 pH 应调节至 7.5 左右，覆土层的 pH 调节到 7.5～8.0。

7. 覆土

覆土是双孢蘑菇出菇的必要条件。菌床不覆土就不会出菇。覆土材料的质地、结构、土层的厚度、持水量、酸碱度以及覆土的时机等，都直接影响到结菇性能和子实体的质量。

二、培养料的营养和要求

(一)原料基本成分及其作用

蘑菇培养料需要以下 5 种成分：①水分；② 碳源(秸秆等)；③氮源；④石膏。原则上，培养料可由各种原料组成，只要包含上面提到的成分并按正确比例混合。

1. 水分

水分是菇菌需要的必不可少的成分，因为它由 90%～93%的水分组成。在低温下以泥灰岩栽培的洞穴菇菌，含水量极低，为 84%～86%。水分也是为菇菌提供所需营养物质的运输媒介。一般来说，每产 1 kg 蘑菇需要 2 L 水，其中，1 L

作为营养物质，1 L 在栽培过程中蒸发掉。平均来说，蘑菇全部需水量的 70%～90%都是直接或间接从培养料中（通过覆土）提取，其余的需水量由蘑菇直接从覆土中提取。特别是后面几潮菇从覆土中提取的水分比例更高，显然，这一水分的来源要依靠喷洒到覆土上的水量。

2. 碳源（秸秆等）

麦草或黑麦草或硬质禾草等为培养料提供了碳水化合物（营养物质），使营养介质结构适宜。保持加湿后培养料结构极其重要，秸秆的长度和硬度起着非常重要的作用，秸秆持水能力也要强。在欧洲，用于堆沤的所有秸秆中，麦草占 90%，我国地域广大，秸秆分布北方以玉米秸秆、小麦秸秆较多，南方稻草资源丰富。

要添加容易分解的碳水化合物来激活发酵过程。由于嗜温性微生物很容易分解这些碳水化合物，就可以在嗜热条件下激活整个分解过程及氮的转化结合过程。鸡粪中含有大量容易分解的碳水化合物，由碳、氢、氧组成。

3. 氮源

以小分子氨基酸或肽链形式存在，是菇菌的重要营养物质之一。碳水化合物与蛋白质数量之间的关系，可用碳氮比这个参数来表示。

4. 石膏

堆沤料中添加石膏有下面三个作用：改善结构、维持堆沤发酵过程中的 pH、栽培过程中作为缓冲剂，中和菌丝体生长形成的草酸。

(二)栽培主料

双孢蘑菇生长所需的碳素和氮素的存在形式较为广泛，因此，其生产所用的原材料种类也很宽泛。由于不同种类的原材料所含碳素和氮素的含量不同，在生产上为了配置合适的营养成分，原材料的配比配方也因此而差异甚大。不论采用哪一种原料作为基本材料，都必须充分考虑其保水性和通气性是否合适，不能仅以营养合适作为指标。秸秆和畜粪是栽培双孢蘑菇的主要原材料。

1. 草料

双孢蘑菇菌丝不能固定空气中的二氧化碳，因而堆肥中的草料是其生长所需碳素的主要来源。除氮素外，草料中还含有氮、磷、钾等营养元素。以麦秸为例，1 亩(1 亩≈667 m^2，全书同)小麦约产麦秸 400 kg，含纯碳 186 kg，含纯氮 1.92 kg(相当于碳铵 12 kg)，纯磷 0.9 kg(相当于过磷酸钙 5.62 kg)，纯钾 2.52 kg。

在我国，产稻区以稻草为栽培主料，稻草茎秆软，叶片多，易吸水，腐熟快；产麦区以麦秸为堆肥主料，麦秸较硬且含有蜡质，不易吸水，发酵较慢，发酵后物理性状很好；玉米秸秆主秆外皮质地密、韧性强，而内芯松软，吸水性强，将麦秸与玉米秸搭配利用，可扬长避短，互补不足，从而提高堆肥的发酵质量。干玉米秸应无霉变，将其铡成 20～30 cm 长的段并经碾压，便于吸水发酵。当年产的鲜玉米秸含水过大，需晾晒一段时间，含水量降到 70％时再用于堆肥。软烂霉变的草料不能用。麦秸在收割之后，必须于烈日下暴晒数天，以速晒速干的麦秸质量最好。若在暴晒时遭雨淋，应及时翻晒，力求干透。优质的麦秸要呈金黄色，质地坚挺，无霉臭味。这种麦秸堆制发酵时，产热量大，养分损失小。麦秸雨淋发热后再摊开晒干，质量就差多了。晒干的麦秸最好贮放在能避雨的通风良好的场棚内。保管不当或水分过高的草料，在贮藏期容易发热霉变而草茎变软，以后堆肥时产热量小，易造成厌氧发酵，不可能得到优质堆肥。

2. 畜禽粪

双孢蘑菇堆料所用畜禽粪，为栽培主要原料。其营养成分和理化特性的差异对堆肥质量影响很大，现分别介绍如下：

鸡粪：禽粪中的养分含量以鸡最高，鸭、鹅次之。新鲜鸡粪中含水分 50％，有机质 25.5％、氮 1.65％、磷 1.54％、钾 0.85％。禽粪的营养成分较齐全，氮含量高，堆料发热快、温度高，但碱性强、黏度大。如果采用鲜鸡粪且未经后发酵，则菌床和菇体易感病。烘干鸡粪的含氮量为 3％左右，此外，还含有蘑菇高产所必需的脂肪，未消化完全的饲料颗粒，大都是碳水化合物（占有机物的 45％～50％）。生产实践证明，烘干鸡粪是堆肥的优良添加物。

牛粪：牛是反自动物，饲料消化彻底，特别是食用青草的耕牛及牧牛，其粪养分不高。1头成年牛的全年粪便，大约可栽培50 m^2 蘑菇。干牛粪含氮率为1.65%，比马粪含氮量高；奶牛粪含氮率次之为1.33%。鲜牛粪含水量75%左右，通常400～420 kg湿牛粪才能晒出100 kg干粪。较大的粪块如不晒透，贮藏时会发热霉变，对以后的堆肥发酵有不利影响。也可采用湿粪贮藏法，事先选好高地挖出粪塘，将随时收集的湿粪倒入粪塘内，用薄膜覆盖好以防雨淋。牛粪性热、质黏，因此要根据牛粪的质量确定具体用量，适量添加含氮量高的辅料，最好与猪粪、禽粪混合搭配使用较为理想。

猪粪：含氮率为2%，磷、钾含量也较高，其中速效氮含量较高，为速效性粪肥。但猪粪性冷质黏，用猪粪种蘑菇，出菇快而密，但菇形小，菇质欠佳，易早衰，前期产量高，后期产量低。猪粪也应适量增加含氮辅料。生产上采用猪牛粪混合堆料，能使蘑菇前后期产菇量较为均衡。需指出，含土或草的猪厩肥含氮率为0.45%，比纯猪粪低得多。

马粪：性热、质松，保水性强，发酵效果好，碳氮比为21∶1，是最理想的粪肥。但马粪含氮量比牛、猪粪低，仅为0.58%，使用时增加些饼肥或含氮化肥以提高其营养成分。通常马粪肥源较缺，难以满足生产需求。

人粪尿：代替部分猪、牛粪，栽培效果也很好。人粪尿含有机质5%～10%，氮0.5%～0.8%、磷0.2%～0.4%、钾0.2%～0.3%。在建堆前用人粪尿预湿草料，或在建堆时用人粪尿补充堆肥的水分和养分，可以提高堆肥的质量。

双孢蘑菇常用粪肥除单一使用外，也可混合使用，且混合粪肥常优于单一粪肥。据测定，马粪含磷较高，猪粪含钾较多，而牛粪则含钙丰富。粪肥混合使用时，可使堆肥营养成分更丰富，更有利于蘑菇的生长。但在实际操作时，考虑收集难易程度、发酵效果和当地资源，多数采用鸡粪、牛粪或马粪。

3. 粪草比

采用粪草料栽培双孢蘑菇时，配方中粪肥与草料的重量之比叫作粪草比。粪草比虽不是碳氮比，但粪草比例的多少在营养成分上对碳氮比有一定影响，而且对培养料的物理性状和发酵质量影响很大。

若粪少草多，尽管培养料的通气性较好，但料内氮素营养相对偏低，俗称“料贫”，单产不会高，加之料的凝聚性能和保水保肥力差。有机碳物质过剩，被微生物分解后产生的有机酸会积累过多，当酸碱度（pH）降至 5.5 以下时，蘑菇菌丝就不能正常生长。若粪多草少，则培养料透气性差，缺少弹性，易造成厌氧发酵，同时料内氨气浓烈，碱性过大，菌丝吃料缓慢或生长停滞，蘑菇也不能优产高产。

由于栽培双孢蘑菇的粪草种类繁多，品质各异，在收集贮藏和发酵过程中又会受到多种因素的影响，营养成分变化很大，特别是氮素较易损失，所以在确定粪草比例以后，还应结合粪草的质量和碳氮含量，调整好碳氮比，通常氮素实际用量应比理论数值稍高一点较好。在我国，通常把秸秆与畜禽粪肥配制的双孢蘑菇培养料称为粪草料；合成料指不用畜禽粪肥的培养料；半合成料配有少量畜禽粪肥的培养料。粪草料内有较多的有益微生物，堆肥发酵质量好，营养成分丰富，长出的蘑菇品质好。我国粪草料的比例早期为7∶3，由于现代农业的机械化，畜粪资源紧缺已成为双孢蘑菇栽培的限制因素，近年逐渐改为5∶5或4∶6，有的已采用半合成培养料。所谓半合成，即堆肥中仅添加少量畜禽粪或使用部分人粪尿，为补足氮素之不足，采用含氮化肥和饼肥加以补充。半合成堆肥一是解决了粪肥不足的矛盾，二是有助于堆肥的发酵腐熟，三是有利于提高双孢蘑菇的产量和质量。半合成料在国外使用也很广泛，称作混合培养料。全合成培养料则完全采用含氮化肥或饼肥代替畜禽粪，其优点是化学成分稳定，碳氮比例容易掌握，原材料无粪臭，操作较方便。但是全合成培养料的产菇率较低。

（三）栽培辅料

辅料是双孢蘑菇培养料堆制时不可缺少的营养或结构调节物质。它能补充主料中营养成分的不足，调节培养料的碳氮比，促进堆料中微生物的活动和繁殖，改善培养料的理化状态，提高堆肥的发酵质量。经常使用的有以下几种。

1. 饼肥

常用的有豆饼、菜籽饼、花生饼、酱油渣、啤酒糟、棉籽饼和茶籽饼等，饼肥含氮量较高，一般为5％～6％。饼肥的用量应根据粪草质量及其碳氮比来确定，通常粪肥少的堆料，饼肥用量要相应增加。

2. 化肥

常用的有尿素[$CO(NH_2)_2$]、碳酸氢铵(NH_4HCO_3)、石灰氮($CaCN_2$)、氨水(NH_4OH)等。尿素含氮量高达 46%，溶解度高，是一种较好的辅助氮源，堆料时可优先选用，具体用量应视堆肥的碳氮比严格掌握。化肥用量不能盲目加大，以防栽培前期堆肥碱性过强，游离氨积累过多，抑制蘑菇菌丝生长甚至造成中毒死亡。

3. 石膏

又叫硫酸钙($CaSO_4$)，含钙 23.3%，能溶于水，但溶解度不大。石膏宜用煅烧后的熟石膏，如建筑用的石膏粉等，它具有脱黏、吸湿和形成团粒的作用。石膏粉的用量一般为堆肥干重的 2%～4%，在建堆和第一次翻堆时分两次加入，或建堆时一次加入。加石膏可补充蘑菇生长对硫、钙营养元素的需要，还能加速堆肥中的有机质分解，促使堆肥中可溶性磷、钾迅速释放，供给蘑菇菌丝吸收利用，从而提高菇体重量。石膏为中性弱酸盐类，虽不能直接用来矫正堆肥的酸度，但其具有缓冲作用，防止酸性发酵，保持酸碱度不发生大的变化。

石膏的另一重要作用，是能将堆肥中的腐殖质凝结成颗粒，使黏结的堆肥变得松散，有利于氨气挥发，进而改善堆肥的通气性状，促进微生物的繁殖活动，提高堆肥的持水力和保肥力。钙离子还有促进子实体形成的作用。

石膏不但可除去不良堆肥的黏性，改善堆肥的物理结构，还有使铵离子稳定的作用，减少堆肥中的氮素损失。例如，石膏存在时铵离子增加，蘑菇产量也增加，其化学反应为：$NH_4^+ \rightleftharpoons NH_3 + H^+$，pH 升高时上式反应向右进行，挥发性的氨增多；加石膏后反应向左进行，固定性的铵离子增多。当堆肥加过多的湿鸡粪而氨含量较高时，添加石膏的作用则较为重要。

4. *石灰*

石灰有生石灰和熟石灰之分。生石灰是以碳酸钙成分为主的石灰石或贝壳等天然原料经 800～1 000℃煅烧所得的产品，呈块状结构，又叫氧化钙（CaO）。生石灰吸水后则成为熟石灰，或叫消石灰，呈粉状结构，又叫氢氧化钙［$Ca(OH)_2$］。熟石灰吸收二氧化碳后，其中一部分则转变成轻质碳酸钙（$CaCO_3$）。

熟石灰、生石灰、碳酸钙均为碱性物质，中和堆肥酸度的能力若以碳酸钙为 100 计算，则熟石灰为 135，生石灰为 179。石灰不能与铵态氮化肥混合，也不应与水溶性磷肥混合，否则就会发生相对双孢蘑菇生长而言的“不良化学”反应。一般在堆肥之前，用 1%～2%的石灰水预湿草料，可以软化原料组织，提高草料的持水力，改善堆肥的理化性状。石灰除用于调节酸碱度和补充钙元素外，还有降解堆肥中农药残留量的作用。此外，石灰还常用作消毒杀菌剂和防潮剂，被誉为蘑菇栽培的“万能剂”。蘑菇栽培时，可用 1%的生石灰水来净化处理池塘水和河沟水。阳畦及菇棚在铺料前撒上石灰粉或喷洒石灰水，不仅有消毒杀菌作用，还有杀死线虫的效果；梅雨季节或空气相对湿度大时，菌种培养场地或棚室地面撒上石灰粉，可以降低环境湿度，减少杂菌的发生。

5. 碳酸钙

碳酸钙($CaCO_3$)，又叫白垩、石灰石粉，是一种用石灰石加工磨碎的白色固体粉末，呈弱碱性，其性质稳定，但不具消毒能力。碳酸钙不溶于水，但如果水中有较多的二氧化碳，则能使其溶解，生成可溶性的碳酸氢钙。蘑菇菌丝体在含水的基质中生长，并不断排出二氧化碳，而二氧化碳又为碳酸钙所吸收生成碳酸氢钙，从而能不断地为蘑菇提供钙质营养。碳酸钙除补充钙素外还能中和菌丝生长时产生的有机酸，使堆肥的 pH 不致下降过低，其用量一般为堆肥干重的 1%～2%。市售碳酸钙分重质碳酸钙(机械磨碎)和轻质碳酸钙(化学碎化)两种，均可使用。碳酸钙如果短缺，也可用石灰或石膏粉代替。

6. 过磷酸钙

也叫普钙或过磷酸石灰，是一种弱水溶性的磷素化学肥料。大多数为灰白色粉末，易吸湿结块，含磷 16.5%，含钙 17.5%，是一种迟效酸性磷肥。其主要成分：水溶性磷酸钙 30%～50%，硫酸钙(石膏)40%左右，游离酸 4%～5%。

双孢蘑菇堆料中添加过磷酸钙，可补充磷、钙素的不足，同时磷能促进微生物的分解活动，有利于堆料发酵腐熟，还能与堆料中过量游离氨结合形成氨化过磷酸钙，防止堆肥中氨态氮的逸散。过磷酸钙是一种缓冲物质，具有改善堆肥理化性状的作用。过磷酸钙使用量一般为0.5%～1%。

(四)碳氮比

1.碳氮比的依据

培养料的碳氮比(C/N)是否适宜，是衡量其质量好坏的重要指标，直接影响出菇时间和产量。化学分析表明，真菌细胞中的碳氮比为(10～12)∶1，即真菌细胞中碳素含量是氮素含量的10～12倍。培养料的碳氮比应高于细胞中的碳氮比，因双孢蘑菇的碳氮转化率低于40%，即细胞除合成自身物质需要消耗基质中大量的碳氮营养外，还要消耗大量糖类，以获取合成代谢中所需要的能量。

用于栽培双孢蘑菇的天然材料含碳较高。一般禾本科植物的碳氮比为(30～80)∶1。利用秸秆栽培双孢蘑菇时，需要进行堆制发酵。培养料的碳氮比要适当，营养要平衡。双孢蘑菇培养料的碳氮比，在发酵前为(30～35)∶1，微生物生长最活跃，腐熟培养料接种时的碳氮比为(15～17)∶1；出完菇后的残料碳氮比为(11～15)∶1。可以看出，培养料中氮素的相对含量在微生物的作用下越来越高。

在双孢蘑菇的营养生长阶段，培养料的碳氮比以20∶1为好；进入生殖生长阶段后，碳氮比以(30～40)∶1为宜。碳氮比值过小即氮含量过高，菌丝的营养生长过于旺盛，会抑制原基分化而出菇困难。因此，在添加氮源时，要适当调整好碳源浓度。

堆肥中的微生物分解碳水化合物，所产生的能量一部分用于微生物自身的生长繁殖，一部分以热能的形式释放出来。在此过程中氮素转化为菌体蛋白而残留下来，这种菌体是双孢蘑菇的重要营养源。由于碳素的减少和氮素的残留，堆制过程中碳氮比减小。堆肥发酵期间，各种微生物能够同化的碳素量，大体是堆肥总碳量的30%；而要同化这些碳素，还需要同化碳素量10%的氮素。如果堆肥中含有100 kg碳素，微生物只能同化30 kg，同时还需要搭配3 kg氮素。否则微生物的同化作用不能顺利进行。初始堆肥中的碳氮比应为(30～35)∶1，双孢蘑菇培养料粪草成分的配比及加尿素的数量应严格按照这个要求。如果氮肥不足，就会明显影响产量；若氮肥过多，不但会造成浪费，还因碳氮比失调而导致出菇困难。在适当的范围内，培养料的含氮量与产量呈正相关性。农作物秸秆或农产品的下脚料很丰富，只要适当调整其碳氮含量都可用于双孢蘑菇栽培。

2. 培养料碳氮比计算

培养料发酵前的含氮量计算是将湿料全部折算成干重，再分别计算出各种含氮原料的总氮量，然后按“总氮量/总干重×100”的公式，即可求出发酵前的含氮量。举例：100 m^2栽培面积的培养料用麦秸2 000 kg，干牛粪1 300 kg，菜籽饼

80 kg，其碳氮比值及需要添加的氮素是多少？

首先，所用材料按 90%折成干料，再查出各种材料的碳、氮含量，计算如下：

麦秸含碳量＝2 000×90%×0.46＝828 kg

黄牛粪含碳量＝1 300×90%×0.39＝456.3 kg

菜籽饼含碳量＝80×90%×0.45＝32.4 kg

堆肥总含碳量＝828＋456.3＋32.4＝1 316.7 kg

麦秸含氮量＝2 000×90%×0.004 8＝8.64 kg

黄牛粪含氮量＝1 300×90%×0.017 8＝20.826 kg

菜籽饼含氮量＝80×90%×0.046＝3.312 kg

堆肥总含氮量＝8.64＋20.826＋3.312＝32.778 kg

碳氮比＝1 316.7/32.778≈40.17

初始培养料按碳：氮＝30：1 计算，总含氮量应为 1 316.47÷30＝43.89 kg，尚需添加纯氮量＝43.89－40.17＝3.72 kg。

根据计算，该培养料的含氮量不足，需添加纯氮量 3.72 kg。折合为含氮 46%的尿素为：3.72/0.46≈8.09 kg。

3. 培养料含氮量计算

培养料碳氮比值仅能反映碳素与氮素的相对比例，而其含氮率则可表示营养水平。据统计，含氮量和产菇量之间有正相关关系，如在二次发酵过程中添加棉籽饼、大豆饼等含蛋白多的物质就能增产。

含氮量过低是双孢蘑菇产量不高的重要原因，含氮量过高氨气过重对双孢蘑菇生长也不利。从双孢蘑菇堆肥高产配方实例来看,粪草在发酵前的含氮量最低要求达到1.5%,最高不超过1.7%;合成培养料在发酵前的含氮量最低要求达到2%,最高不超过2.5%。培养料经过前、后两次发酵后,含氮量都要增加0.5%左右。在一般情况下,腐熟的粪草含氮率在2.0%～2.2%时,就可以得到较高的产菇量;腐熟合成培养料含氮率在3%时产菇率较高。

禾秆类原料的含氮量一般在0.3%～0.7%,而培养料在播种时的含氮量应为1.8%～2%。这就意味着1 kg风干禾秆要添加约含10 kg纯氮的氮肥或其他有机物。例如,干稻草含氮量平均值为0.7%,水分10%,含氮量如达到1.5%,1 000 kg稻草需添加8 kg氮素,折合含氮46%的尿素17.4 kg。但仅添加尿素的全合成培养料,发酵速度比添加畜禽粪的半合成培养料慢。

(五)培养料配方

培养料的选材比较广泛,但其具体配方都遵循上述适宜碳氮比的原则。下面列举几个双孢蘑菇生产上使用的培养料配方以供参考。

(1)常用配方。猪、牛粪(干)55%左右;稻草、麦秸(干)40%左右;菜籽饼(干)2%～3%;石膏1%;过磷酸钙0.5%。

(2)麦草2 500 kg、干鸡粪2 000 kg、石膏50 kg、尿素20 kg、石灰25 kg、磷肥25 kg。

(3)无粪培养料。稻草100 kg、菜籽饼7 kg、尿素1 kg、复合肥 1 kg、碳酸钙 1 kg、过磷酸钙 2 kg、石膏粉 2 kg，石灰 2 kg。

(4)荷兰工厂化生产配方 1。稻草 176 kg；马粪 149 kg；鸡粪 53 kg；生石膏 22 kg。

(5)荷兰工厂化生产配方 2。稻草 274 kg；鸡粪 155 kg；生石膏 22 kg。

(6)国内隧道堆肥配方。麦草 30 t、湿鸡粪 50 m^3、石膏 2 t。

(六)培养料具备的特点

1. 选择性

经过混合发酵后的双孢蘑菇培养料具有很强的选择性，是专门为适合于蘑菇菌丝体生长的，它是不适合或完全不适合其他竞争霉菌(杂菌)生长的营养介质。研究表明，嗜热侧孢霉这种嗜热性霉菌是培养料选择性的决定性因素。在菇房随时都会出现竞争性杂菌，因为要确保菇房完全无菌的环境是不可能的。

原材料中含有的氮主要以蘑菇菌丝不能吸收的形式存在，而堆沤发酵过程将这种氮转变成能被菌丝吸收的形式。堆沤发酵过程中形成了氨基酸和蛋白质，并释放出氨气。氮存在于所谓的木质素-腐殖质复合物中，木质素-腐殖质复合物是由容易降解的碳水化合物分解形成的，它反过来又能增加木质素和蛋白质的供应。氨气在堆沤发酵过程中起着促进秸秆降解的特殊作用。开始堆沤时，需要一定量的氨气氮来达到最佳发酵效果。

第二次(后)发酵结束时，选择性取决于以下几个因素：富含氮的木质素-腐殖质复合物已成为对杂菌生长不利的环境，但却是适宜蘑菇菌丝体生长的环境。此时容易分解的成分已经消失，而木质素、纤维素和五碳糖，难以分解的所有碳水化合物仍然存在。由于杂菌没有机会吸收难以分解的碳水化合物，蘑菇菌丝体一开始在选择性培养料中就占了优势，此时，培养料中已经没有了氨气(NH_3)，也没有其他嗜温性微生物与同样是嗜温性的蘑菇菌丝体竞争了。培养料中死亡的嗜热侧孢霉促进蘑菇菌丝体发育。

2. 均质性

除选择性外，培养料的均质性也非常重要。均质性决定栽培过程的发育进程，均质性培养料的结构和水分分布均匀，出现厌氧块和不降解秸秆的培养料均质性差。大量集中堆沤发酵方式更容易生产出均质性的培养料。

堆沤过程就是一个同质化作用的过程。所用原料质量也常常千差万别，要尽量消除质量的差异以防止栽培过程中出现太大差异。稳定均质的培养料比质量不稳定的培养料生产出的产品质量要好得多。使用专业化机械可优化均质化作用。

确定堆沤发酵这种复杂过程的特点较难，但目前还是确定了能用来评估均质化培养料质量的许多特点。最常用的参数主要有以下几个:结构,碳含量,铵(NH_4)的含量,pH,含水量,氮含量,碳氮比。除结构特点外,所有其他特点都能用可测量的数字来表达。

三、培养料堆制原理

双孢蘑菇的产量和品质依赖于优质的培养料,而优质的培养料离不开高质量的堆制发酵原料和正确的堆制发酵方法,其中最重要的是堆制发酵材料中微生物的繁殖及其活动强度。堆肥实质上是一个微生物演替过程。双孢蘑菇传统的堆肥过程主要包括建堆、一次发酵和二次发酵,发酵过程中需要不断进行翻堆、通风,以促进堆料的充分腐熟。

堆沤发酵是利用微生物为双孢蘑菇菌丝体生产选择性营养介质的一个过程。微生物包括所有肉眼看不见的生物体,有细菌、真菌、放线菌。

嗜热性微生物在蘑菇栽培培养料的堆沤发酵和蒸气加热过程中非常重要。开始堆沤时料堆中主要是嗜冷性和嗜温性微生物;随着温度升高,嗜热性微生物开始占优势;在最高温度范围内,嗜热性细菌实际上是唯一还有活性的细菌。温度下降时,放线菌将接管细菌的工作,嗜热性真菌如嗜热侧孢霉(*Sporotrichum thermophile*)又将接替放线菌的工作。

微生物的演替随料温的变化而变化,在这个过程中每一个微生物群落在一定时期内都有适合自己的生长繁殖条件,且对某一种或某一类特定物质具有分解作用,通过不同时期不同优势菌群的演变及分解活动，促进堆肥中有机元素的不同形态转化。其中消落微生物的残体为消涨微生物的活体提供营养。嗜热性细菌、嗜热性放线菌和嗜热性真菌可以同时和相继在培养料中出现。最终冷却后，整个（死亡的）嗜热性微生物群落将作为蘑菇菌丝生长的氮源。

发酵结束后，稻草（或麦草、玉米秸）表面会沉积一种暗褐色物质，该复合物来源于木质素代谢后的产物，含有大量的氮和完整的微生物细胞成分以及部分分解后残留下来的碎片。这种复合物除双孢蘑菇菌丝外，其他微生物或杂菌难以利用，因此，双孢蘑菇播种适合开放式接种。

（一）一次发酵

双孢蘑菇培养料发酵处理过程常分为两个阶段，第一阶段称为一次发酵（phase Ⅰ），也称为前发酵。第二阶段称为二次发酵（phase Ⅱ），也称为后发酵。一次发酵是指从预湿开始到二次发酵开始前的过程，其主要目的是原料混合、调湿、拌匀，通过各种微生物群的活动对秸秆进行分解，并利用其产生的热量软化培养料、使粪草疏松消除臭味，杀灭杂菌和害虫，积累微生物菌体，除去易分解的有机物，为双孢蘑菇生长创造有利条件。一次发酵后堆肥的体积要减少 30%～40%。一次发酵在技术上主要是合理调节含水量和培养料的透气性。水分调节在一次发酵中起关键作用，生产上在人工翻堆时要掌握“一湿、二调、三不动”原则，即在培养料预湿、建堆和第一次翻堆时，要将水浇足、浇透；第二次翻堆时，要将料堆含水量基本调节好；第三次翻堆时，看准料堆含水量适当调整，一般不再浇水。

在正式建堆后，主要是由三类微生物群参与发酵。第一类是寄生于禾本科植物的菌类，包括蜡叶芽枝霉（*Cladosporium herbarum*）、出芽短梗霉（*Aureobasidium pullulans*）等；第二类是原料保管期间附着的菌类，包括曲霉（*Aspergillus* spp.）、青霉（*Penicillium* spp.）等；第三类是藻状菌，包括冻土毛霉（*Mucor biemalis*）、微小根毛霉（*Rhizomucor pusillus*）等。这些中温型微生物只在发酵初期发挥作用，随着堆温升高，一般在建堆 3 d 后，其数量逐渐减少，高温微生物成为主要的微生物菌群。这些高温菌主要有腐质霉属（*Humicola*）、棘霉属（*Talaromyces*）的微生物和子囊菌亚门的嗜热毛壳菌（*Chaetomium thermophile*）。细菌和放线菌在发酵过程中也发挥着重要的作用。采用 DGGE 分析表明，子囊菌是稻草和玉米秸秆配方堆肥过程中的优势菌群，建堆时期的优势类群为酵母菌，如毕赤酵母菌属（*Pichia*）和威克汉母酵母属（*Wickerhamomyces*），一次和二次发酵时期的优势类群为嗜热纤维分解真菌，如 *Thermcmyces*、毛壳属（*Chaetomium*）和油瓶霉属（*Lecythophora*）。细菌的主要优势类群属于变形菌门（Proteobacteria）、厚壁菌门（Firmicutes）和放线菌门（Actinobacteria），主要的优势种属包括杆菌属（*Bacillus*）、类芽孢杆菌属（*Paenibacillus*）、高温单孢菌属（*Thermomonospora*）、嗜热梨囊鞭菌属（*Thermasporomyces*）、假单胞菌属（*Pseudo-*

monas)和纤维弧菌属(*Cellvibrio*)。

当培养料中的微生物开始活动时,吸收基质中存在的可溶性碳、氮化合物。这些化合物被利用后,微生物的生长依靠分解纤维素、半纤维素和蛋白质等不溶性物质来维持。在发酵的早期阶段,木质素不被降解或降解得很少。在发酵的后期,产生大量的放线菌,它们使木质素和纤维素大量降解。由于放线菌的存在,培养料表面往往出现大量的灰白色斑点,出现所谓"白化现象"。与此同时,基质中积累的微生物体成为双孢蘑菇菌丝生长的营养源。在腐质霉的作用下多糖类和酚类物质结合形成木质素——腐殖质复合体,草料表层逐渐变为暗褐色,复合体也是适于双孢蘑菇菌丝利用的良好营养源。

一次发酵国内人工堆料时主要采用条垛式发酵,国外采用开放式发酵料仓(bunker)或发酵隧道。目前,国内也开始采用料仓或发酵隧道。

(二)二次发酵

二次发酵技术是双孢蘑菇标准化栽培的重要技术,在国外早已成为双孢蘑菇栽培的常规技术。该技术是双孢蘑菇高产栽培不可缺少的技术措施,与传统的一次发酵相比具有诸多优点:第一,减少有害生物,降低农药使用量。二次发酵阶段通过"巴氏消毒"杀死了大量有害微生物以及料中的虫卵、幼虫等;在菇房进行时还对环境进行了一次彻底消毒,有效地控制了栽培过程中的病虫害。经过二次发酵,栽培期间用药量明显减少,降低了对栽培环境的污染和菇体中农药的残量。

第二，促进提早出菇，大幅度提高产量。经过二次发酵，培养料腐熟均匀、质地松软，消除了料内氨味，通气性好，使菌丝定植快，而且在二次发酵过程中培养料得到进一步分解，可溶性养分和菌体蛋白明显增多，使菌丝生长旺盛、出菇早、产量高、质量好，可以增产20%左右。国内自20世纪70年代末张树庭教授引进该技术后，极大地推动了双孢蘑菇产业的发展。当前，国内外双孢蘑菇生产基本上都采用二次发酵技术。其中，国外二次发酵的主流是采用发酵隧道系统模式进行发酵，并将菌种混播入二次发酵料后在隧道内继续培养，国内称之为三次发酵。

二次发酵的原理与一次发酵有所不同。采用隧道发酵利用的是微生物自然发酵产生的热量来完成二次发酵，机械化、自动化程度高，可控性强，堆肥质量高，可以实现全自动控制集中二次发酵模式。采用菇房进行的二次发酵是利用燃料燃烧释放热量人工促使培养料温度升高而完成发酵，其能耗大、运行成本高、劳动强度大。

二次发酵的目的包括：第一，杀死菇房和培养料中的杂菌和害虫。一次发酵无论如何规范，因为是在室外堆积完成的，所以含有许多有害生物（线虫、螨、苍蝇、虫卵、幼虫、病原菌、孢子等）。其中疣孢霉（湿泡病菌）、轮枝孢霉（干泡病菌）、白色石膏霉（帚霉）、轮指孢霉（蛛网霉）、假单胞菌（细菌性病斑菌）、蝇类和瘿蚊类的幼虫、线虫、胡桃肉状菌（假块菌）、黄霉（含孢霉）、褐色石膏霉、绿霉（木霉）、唇红霉（地霉）等在55℃

时杀灭时间需要 2～16 h，在 60℃时杀灭时间需要 1～6 h。除去这些微生物是二次发酵的目的，但二次发酵并不意味着根除所有的生物。第二，在一定条件下继续发酵，促进培养料中有益高温微生物（高温放线菌）大量繁殖与生长，使培养料中养分进一步转化，积累有益的营养源以利于双孢蘑菇吸收利用。二次发酵是在限定的温度、氧气、湿度条件下，完成进一步的发酵过程。在化学上，其目的是消耗易分解的有机物和同化易挥发的游离氨，消耗简单的糖可以防止竞争性杂菌的生存，而微生物利用游离的氨和硝酸盐合成蛋白质意味着积累双孢蘑菇营养源。

堆肥的二次发酵是通过无数微生物的活动而实现的，这些微生物的最适生活条件是堆肥含水量为 65%，温度为 46～53℃。另外，通气量和初期游离氨的浓度对腐熟也有一定影响。堆肥中的细菌肉眼是看不见的，但共存的放线菌在腐熟过程的初期就以白色斑点的形式出现。后期出现腐质霉，呈灰色，特别是在表面多湿的堆肥上，呈现模糊不清的淡灰色。腐熟过程中高温细菌和霉菌产生的胞外多糖是双孢蘑菇的营养源，多糖积累在秸秆表面的黑色层的内部。把这一层放在显微镜下观察可以看到含有腐质霉菌丝断面的不定型物质，它含有大量的多糖。因为其他竞争性杂菌不能利用这种多糖，这样这种多糖就成为双孢蘑菇菌丝的特异性营养源。多糖随着蘑菇菌丝的生长而迅速消失，堆肥的颜色也从暗褐色变为明亮的黄色。

二次发酵中的有益微生物菌群可分为高温细菌(最适温度50～60℃)、高温放线菌(最适温度为50～55℃)和高温真菌(最适温度45～53℃),因此,堆肥腐熟的温度界限一般定为46～53℃。堆肥温度为40～45℃时游离氨迅速减少,50℃以上时游离氨减少的速度下降。而如果堆肥长期维持在57℃以上,高温微生物被激活,游离氨再次发生,堆肥的特异性也会丧失,不再适合双孢蘑菇菌丝生长。如果将少量正常的堆肥混合到这种堆肥中,温度维持在50℃,游离氨会消失,变成适宜的堆肥。游离氨对双孢蘑菇菌丝的生长极为不利,必须消除。另外,氮素又是双孢蘑菇菌丝生长的重要营养物质。因此,如何减少游离氨并使之转化为蛋白质,对双孢蘑菇的增产至关重要。减少游离氨可以从以下几个方面考虑:第一,控制堆肥温度在46～53℃,这是高温放线菌和高温真菌的最适生长温度。例如,普通高温放线菌(*Thermoactinomyces* spp.)、链霉菌(*Streptomyces* spp.)和高温色孢菌(*Torulathermophila*)等在这个温度范围内可以生长良好;第二,进行适当的通风,增强好氧菌的活动;第三,向堆肥中加入蔗糖、糖蜜等可溶性糖类使高温细菌迅速增殖;第四,调整堆肥培养料的结构,使之具有一定的空隙度,有利于氨的消耗和蛋白质化。

综上所述,可以将二次发酵分为两个阶段,第一阶段为(巴氏)“灭菌阶段”,第二阶段为“养菌阶段”。“灭菌阶段”的目的是杀死有害生物,应控制温度60℃、时间6～10 h;“养菌阶段”的目的是培养高温放线菌和其他有益微生物生长，以增加培养料的选择性，应控制温度在46～53℃，保持3～5 d，期间适当通风保持氧气供应，促进高温微生物生长。

为生产出最优质的培养料，整个料堆必须形成并保持嗜热微生物群落活动的理想条件，这个过程叫腐熟，二次发酵是腐熟条件下堆沤过程的继续。

隧道二次发酵的最大优点是空气与堆沤料（堆肥）的紧密接触使发酵过程能更好地控制。与菇房进料一样，隧道进料均匀十分重要，在隧道中，堆沤料一层一层部分重叠放置，这样就保证了空气均匀流过堆肥。每平方米装800～1 100 kg堆肥，一层堆肥厚1.80～2.00 m。如果堆肥太干，在浇水时或浇水后要将其彻底混合，一般来说，含水量要比菇房腐熟高1%～2%，在65%～70%之间，有时含水量最高可达75%（取决于堆肥结构，并非个别情况），需在发酵过程严格按照参数控制调整，以取得较好的堆肥质量。一、二次发酵隧道的建造及其发酵技术见第三章。

第三章　培养料堆制与发酵技术

双孢蘑菇堆肥发酵是一个关键环节，堆肥发酵水平决定了双孢蘑菇的生产水平，堆肥发酵分一次发酵和二次发酵两个阶段。国内个体农户或合作社多采用人工堆肥技术，以顺季节栽培为主。人工堆料通常在露天进行一次发酵，二次发酵采用室内蒸汽发酵。随着生产力水平的提高和国外技术的引进，近年来，我国开始了隧道发酵技术的应用。

一、人工堆肥技术

（一）一次发酵

一次发酵时间较长，一般为 20 d 左右。一次发酵的作用是利用好热性微生物的繁殖活动产生高温杀死虫卵和杂菌，使料中复杂的大分子物质转化为简单的、易被双孢蘑菇菌丝吸收的小分子物质。因此，要求升温快、堆温高、堆期短，这样堆制后的培养料腐熟发酵得好，物质损失得少。

1. 材料处理

干粪在堆料前 7 d 用水拌湿，每 100 kg 干粪加水 110 kg 左右，拌湿前把粪先捣碎过筛，拌湿后做成方形堆，高度不超过 1 m，第 3 天翻堆 1 次；禾草在堆料前 2～3 d 亦要预湿，先将禾草截段或碾压,截段后边浇水边踩踏,使其吸足水分。

2. 建堆发酵

一般在播种前 30 d 左右开始堆料,京津地区一般在 8 月堆料,各地可根据材料和当地气候条件灵活掌握。

选择离菇房近、便于搬运、地势高、干燥、排水良好、平整的硬化地面上建堆。堆的大小根据生产实践经验,堆宽以 2 m 左右、堆高 1.5 m 为宜,长度不限,堆顶呈龟背形。这样既操作方便,又有利于发酵。堆料方法是先用草料铺底,厚 20～30 cm,厚薄一致,四边整齐。草上撒一层粪料,粪厚 5 cm。这样一层草一层粪,草粪间隔地堆叠上去,直至堆高 1.5 m 为止。大约铺 10 层草,10 层粪,顶层用粪肥全面覆盖。实践证明,草料最好采用二层麦草一层稻草最为理想。辅助物质如饼肥、尿素等,在建堆时分层加入,最好加在第三层至第八层靠中部位置,以便充分发酵和吸收。为了调节堆料中的水分,每铺一层粪草后,都要适当浇点水。浇水时掌握底层不浇水、中层少浇水、上层多浇水的原则,直至堆料四周有少量水溢出为止。若建堆后第 2 天仍有水渗出,表明调水合适。建堆完毕,堆中插一支温度计,以便观察堆温上升情况,顶部晴天用草被覆盖,避免风吹日晒;雨天覆盖塑料薄膜,严防雨水渗入。堆的四周要开小沟,四角各挖 1 个小坑,使堆料内渗出的水聚积在坑内,便于回浇于堆上,以免养分损失。

发酵的目的是使堆肥适合双孢蘑菇菌丝生长而不适宜其他真菌的繁殖。其实质是多种微生物的作用,使有机质经过分解，进行矿质化、腐殖质化的过程。由于培养料堆积发酵时粪草所处的部位不同，发酵情况也不同，从发酵堆的横切面可以看出明显分为3层，即干燥冷却层、好气发酵层和厌气发酵层。干燥冷却层在堆料表面，由于风吹日晒，水分散失多，堆温低，培养料基本上没有发酵。紧靠干燥冷却层是好气发酵层，这部分堆肥微生物得到充分繁殖，料温高水分适应，是一次发酵最理想部分；最里面的料堆中心是厌气发酵层，由于缺氧，培养料经常处于厌气条件，堆温低，分解差，特别是堆底积有大量二氧化碳，常使培养料呈酸性发黏。人工第一次堆沤发酵过程中，料堆中间和边缘温差大，其他生物如螨虫和线虫可在料堆外层发育，因为那里温度低。并非所有堆沤料都处于理想条件下。

3. 翻堆

翻堆就是定时把原有的料堆挖开，再重新堆积，把处在料堆下面的培养料翻到上面，上面的翻到下面，四周的翻到中间，其目的是改善堆内通气条件，调节水分，散发有害气体，促进有益微生物继续生长，进一步发酵，再次使堆温回升，以达到培养料的均匀分解腐熟。翻堆间隔时间和次数根据材料和气温条件灵活掌握。一般堆料后，堆温上升到75℃左右维持一段时间后，堆肥温度开始下降时，即进行第一次翻堆，为建堆后的5～7 d，翻堆次数视堆制要求而定，如常规一次性发酵，一般要翻堆4次。第一次翻堆在建堆后第6天进行，第二次翻堆在第11天进行，第三次翻堆在第15天进行，第四次翻堆在第 18 天进行，第 21 天把堆肥搬到出菇棚的床架上，整个一次发酵过程为 21 d。目前，可以用翻堆机进行作业，省工，翻堆效果好，见图 3-1。

图 3-1　翻堆机作业

生产中采用简易一次发酵技术可以显著改善堆底通风状况，促进一次发酵质量，具体方法是：建堆时堆底纵向埋入一根或间隔 20 cm 埋入两根直径 16 cm PVC 管，PVC 管上部、料堆端向内每隔 50 cm 打一个直径 2 cm 左右的孔，孔径由堆端向堆内逐渐加大，离堆端 50 cm 处封堵气道，另一端采用 2 kW 的风机鼓风，间隔 3～5 min，鼓风 2～5 min，给堆料提供氧气。

前发酵要掌握一湿、二调、三不动的原则，一湿是指堆料和第一次翻堆时水分要浇湿浇透；二调是指第二三次翻堆时，根据料的实际含水状况进行调整；三不动是指最后一次翻堆最好不要浇水，以免水分过高难于处理。

结合翻堆添加辅助物质，第一次翻堆时添加石膏和石灰，第二次翻堆时加入过磷酸钙的50%，余下的50%在第三次翻堆时加入。这些辅料能够改善堆肥的营养和物理结构，调节酸碱度，有利于双孢蘑菇菌丝的生长发育。

（二）二次发酵

二次发酵是将一次发酵结束的培养料趁热搬进菇房内，上架堆成15～18 cm厚，然后紧闭门窗，通蒸气加热，使料内温度在1～2 d内上升到57～60℃，维持6～8 h，随后通风降温到50～55℃，维持3～5 d进行控温发酵。最后打开门窗通风换气降温。

后发酵技术关键是对温度和通风的控制，全过程的温度分为3个阶段。

1. 升温阶段

后发酵时先使料温上升到45～50℃，此时打开门窗充分换气，时间控制在15～20 min，时间太长热能会损失过多，之后关闭门窗，送入蒸汽，快速提高空气温度至60℃，维持6～8 h，这是巴氏消毒阶段，其作用是杀灭堆肥，床架和棚体的杂菌和害虫，促进嗜热微生物大量繁殖，有利于腐殖质类物质的形成。

2. 持温阶段

巴氏消毒结束后，通过换气将料温降至50～55℃，维持

3～5 d,以使嗜热微生物处在最佳生态条件,促进氨的转化和散失,加速基质降解,同时产生聚糖类物质、烟酸、B族维生素及氨基酸等,有利于双孢蘑菇菌丝的吸收。

3. 降温阶段

持温结束,将料温逐渐降至45～50℃约12 h,当降温到45℃时,必须立即打开门窗,使料温迅速下降。

二次发酵期间脱水明显,水分损失较多。发酵过程中要注意保湿,发酵结束后培养料的含水量在65%左右。进行后发酵的培养料,料温靠室温控制,室温升高或降低约2 h才能影响到料温的变化。因此,需及时准确地通过对室温的调节达到对料温的控制。升温、降温都不能太快,需要有经验的技术人员操作。

(三)培养料腐熟度鉴别

二次发酵结束后,粪草由金黄色或黄绿色转变为褐色或咖啡色;培养料中放线菌很多,呈灰白色,没有黏性,不粘手,有弹性,浸出液呈透明状,pH为7.5,含水量65%左右,含氮量1.9%～2.1%,C/N为17/1,无氨味。

二、隧道发酵技术

采用专用的房间(又称隧道)可以显著缩短发酵进程。人工堆肥发酵法需30 d以上,隧道式发酵一般21～23 d。隧道式二次发酵不占用菇房,按照每批料采收3潮计算,一年1个菇房可生产5～6个周期,增加了菇房周年循环使用次数,提高复种指数,增加了经济效益。隧道式二次发酵以机械设备为主生产,仅需要少量技术人员操作,大大降低了工作强度,减少了操作过程的脏累。同时,隧道式二次发酵法发酵期较短,减少了原材料氧化消耗,故同比可得到更多优质堆肥。制作出的培养料显均匀的深褐色,有香甜味,质地松软,有弹性,紧握时不粘手,不会渗出水分,氨气味基本消失,含水量69%左右,pH为7.5～7.8,氨气含量低于10 mg/m^3,料内产生的灰白色放线菌斑点,呈霜降状态,有益放线菌浓密,同比显著增产。

(一)国内外发展情况

目前,国内一些企业或合作社种植双孢蘑菇时多数采用发酵隧道,利用机械化设备设施集中进行一、二次发酵,多呈半自动化程度。国内自建隧道由于受设计、材料、设备等软硬件的限制,多不能实现全程自动化控制,多数情况依然靠技术人员的经验对堆肥的发酵状态和发酵环境因子进行调控,每个批次的成品料不能达到均衡稳定的统一标准,这是与国外全自动化、智能化生产的主要差距。国内在设计发酵隧道以及配套设备、开发不同配料的工艺模块、PLC系统植入等方面还须进一步完善提高。

(二)造料基地选址、结构与设计

1. 选址

双孢蘑菇场内隧道等配套设施应处于菇房的下风位,避免虫害、病害污染。场地为沙壤土或壤土，土地硬实、渗水性好；避开居住区，不能污染周围的空气、水源；基础低于当地冻土层，保护隧道内通风地面；造料场地横向以隧道个数和单体设计宽度为准，一、二次隧道匹配的数量应根据设计产能、主要原料以及配套工艺制定；纵向即隧道方向至少预留 60 m，利于机械设备（铲车、抛料机）工作。隧道成型地面应高于场地混凝土地面 10 cm；浸料池为下沉地面，利于浸料以及粪水回流。为了避免二次隧道培养料不受污染在规划新建隧道时，最好将二次发酵隧道设在距离一次隧道 500～1 000 m 以外的地方。一、二次隧道规划在一起的场地总平面如图 3-2 所示。

2. 发酵隧道设计和注意事项

一、二次发酵隧道是双孢蘑菇工厂化栽培的重要设施，是一项集微生物发酵、机械制造、电子控制（温度、空气）的综合工程，需要几个部门共同合作。

在二次发酵隧道内进行的巴氏消毒和控温培养过程，是一个非常复杂而又要求精准的生物转化过程。过程中需要通风和温度的密切配合，是决定培养料良好微生物群落建成和出菇能力的关键环节，是双孢蘑菇栽培单位面积高产的基础。

国外均采用隧道发酵进行双孢蘑菇培养料的生产，一、二次发酵系统原理示意图如图 3-3（彩图 3-3）和图 3-4（彩图 3-4）所示。

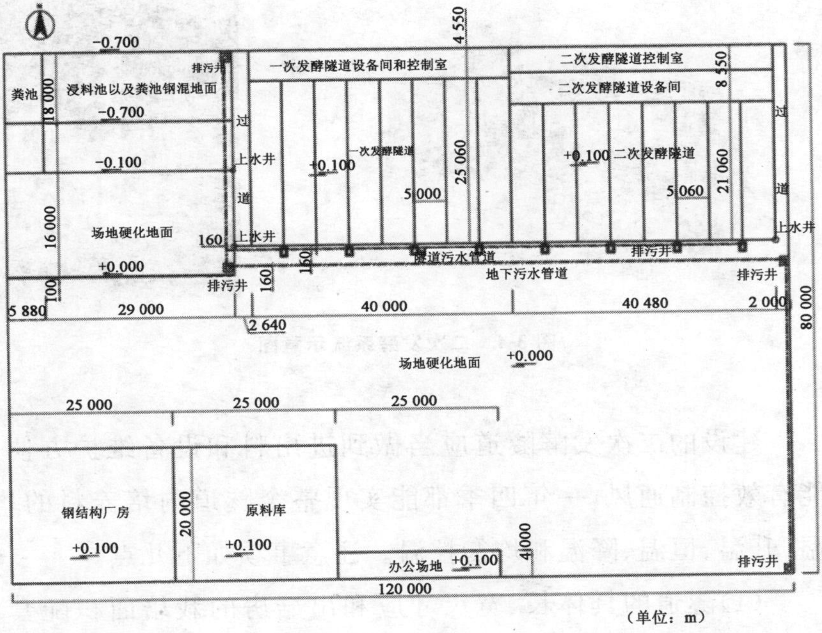

图 3-2　造料中心场地总平面图

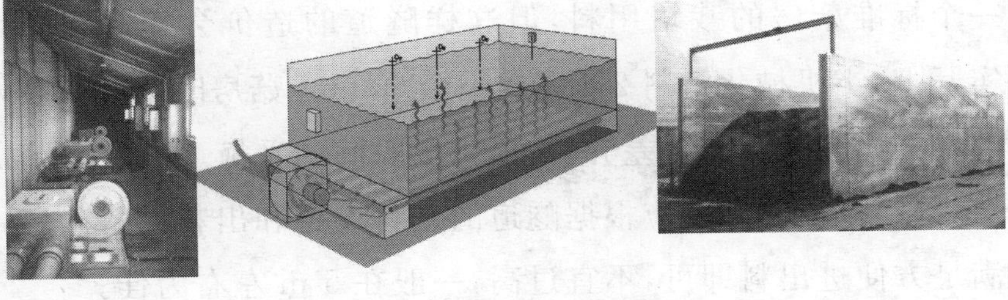

图 3-3　一次发酵系统示意图

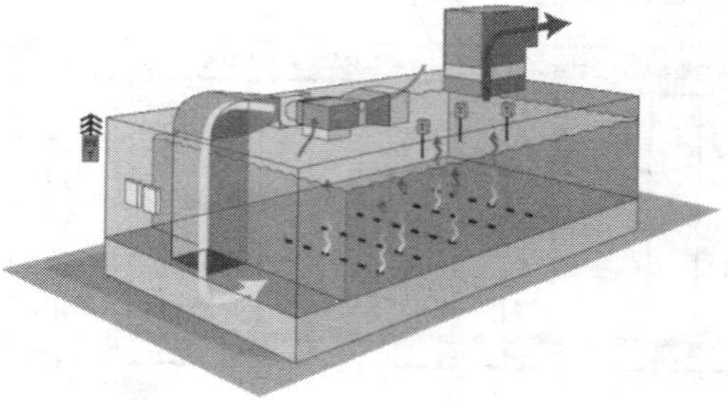

图 3-4 二次发酵系统示意图

建设的二次发酵隧道应当做到进出料和设备维护方便，能有效控制通风，一年四季都能实现整个隧道内培养料的均温、升温、恒温、降温和均衡控温。注意事项如下几点。

(1)隧道的具体长、宽尺寸应和出菇房的栽培面积配套，一般情况是一个二次发酵隧道的一批培养料供一个或两个菇房的栽培用料。在完全人工上料、一个隧道内的培养料 1 d 不能全部出完时，可考虑建设小的二次发酵隧道，两个隧道供一个标准菇房的栽培用料，但这样隧道的造价会提高很多。实际上，半机械化上料 2 d 完成一个 600 m^2 菇房时，菇床的料温在开始几天会产生差异，需要一段时间的平衡。

(2)隧道的高度应根据隧道的进料设备和出料设备确定，满足方便进出料即可，不宜过高，一般在 5 m 左右为佳。

(3)隧道通风设备应和隧道通风地面的结构及隧道内布料厚度相匹配，通风能力过大造成能源和投资浪费，并影响发酵质量；通风能力过低也影响发酵质量。

(4)隧道的个数一定要和菇房个数配套，如果隧道个数不足会影响菇房利用效率，影响产能。一个效能比较好的二次发酵隧道每月最多能产四批料，通常情况可按一个隧道2个月产七批料来计算工序平衡。

(5)为了避免一、二次隧道以及浸料池之间的交叉污染，最好将二次发酵隧道建在远离一次隧道500 m左右的地方。当然规模化生产这种避开方式似乎很难实现，目前多数采用双门二次隧道，将进料区和出料区人为分开。在国外，有采用传送带进行一、二次发酵隧道之间发酵料转送的。

3. 造料基地构成

造料基地通常由浸料池、一次发酵隧道、二次发酵隧道和风机控制室等组成。还应有原料存贮的地方。

(1)浸料池。用于秸秆和粪肥的浸泡、混合的场所。池纵剖面如图3-5所示。

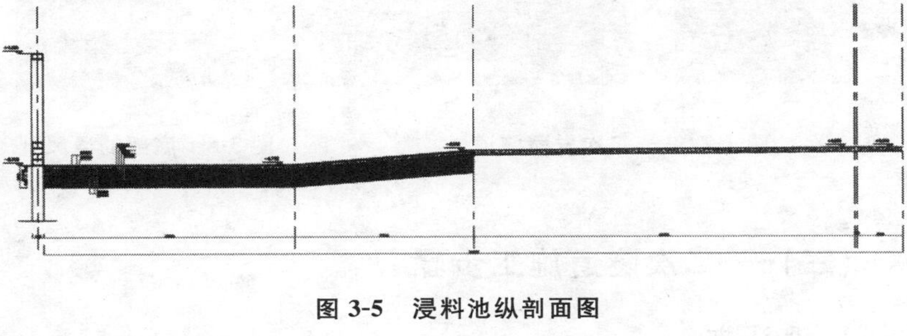

图3-5　浸料池纵剖面图

(2)一次发酵隧道。一、二次发酵隧道均由风机、风管、风嘴和墙体等构成。一次发酵隧道一般长约 24 m，宽 5 m。纵剖面图和隧道内表面见图 3-6，图 3-7。

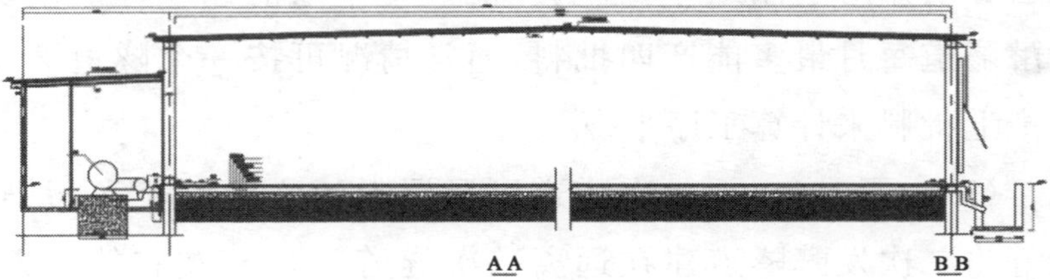

图 3-6　一次发酵隧道风机风管、风嘴位置纵剖面图

(3)二次发酵隧道。二次发酵隧道一般长约 20 m，宽 5 m。隧道内表面见图 3-7，隧道底部的通风孔见图 3-8。

图 3-7　一、二次发酵隧道

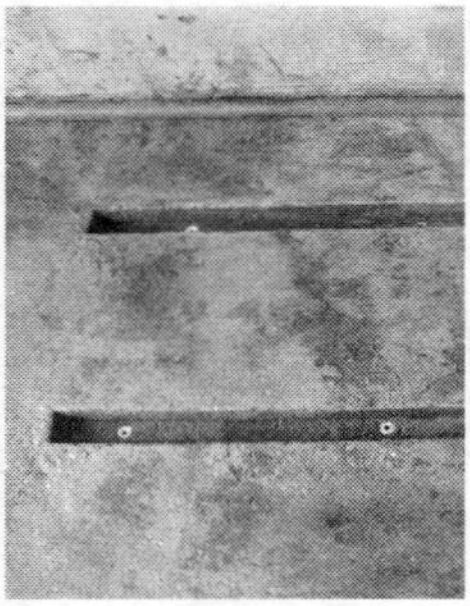

图 3-8　底部的通风孔

(三)一、二次隧道施工步骤

1. 设计期

根据新建双孢蘑菇厂的设计产量计算配套隧道数量，一、

二发酵隧道以及浸料池的尺寸，确定设备安装位置，制定采购清单（例如高压风机功率选型），完成施工所需图纸。采购方根据清单提前备料。

2. 施工期

（1）场地水平放线。预留水路和电路；水平测量，确定正负零；打点放线；准备开槽。见图 3-9。

（2）基础开槽。基础根据当地情况低于冻层 20～30 cm，自配砂石做垫层，场地地面夯实。浸料池要求做下降坡度地面处理，接连场地部分 15～25 m 做 10 cm 下降坡度；然后 7 m 做 50～60 cm 下降坡度，接连最后 10～15 m 做平面处理连接后墙。见图 3-10。

图 3-9　放线

图 3-10　基础开槽

（3）基础砌筑、排污井砌筑。基础可以砖砌也可以混凝土浇筑，要求基础夯实。两条隧道共用一个排污井。见图 3-11。

（4）浸料池基础地梁浇筑。浸料池地梁浇筑，后墙应浇筑

图 3-11　隧道基础和排污井砌筑

50～100 cm 高的防撞墙。因为有装载机拌料，装载机用力的地方基本在 1 m 以下的地方，所以拌料池四周的墙体底部都是浇筑的，防止被撞坏。

(5)一、二次发酵隧道风管风嘴安装固定。高压风机连接直径 500 mm PVC 管道以及直径 160 mm PVC 隧道风管、直径 110 mm PVC 检查口管道安装固定，一次发酵隧道风管、风嘴应疏于二次隧道，根据发酵工艺制定。风管挖孔插入风嘴，风嘴上钉倒梯形木条，混凝土浇筑完毕后刨除木条为通风槽，这样利于清扫隧道，保护风嘴。见图 3-12。

(6)混凝土浇筑。包括一、二次发酵隧道混凝土、浸料池以及地梁。浇筑过程要求一次成型，浸料池 20 cm 地面上下两层钢筋网；一、二次发酵隧道风管上下均铺设钢筋网，见图 3-13。一、二次发酵隧道除门口外三面墙体做 25 cm 下圈梁防铲车撞击。隧道门口设置地梁，地梁与风管平齐，处于门口正下方。见图 3-14、图 3-15。

图 3-12　二次发酵隧道 160 mm 和 500 mm 风管布置

图 3-13　浸料池地梁和钢筋混凝土浇筑

图 3-14　一、二次发酵隧道混凝土以及地梁浇筑

图 3-15　一次发酵隧道风嘴布置

(7)墙体、上梁浇筑。浸料池 50 cm 墙体,间隔 4 m 下柱子支撑;一次发酵隧道 37 cm 墙体,间隔 4 m 下柱子支撑;二次发酵隧道 50 cm 墙体中间使用 8 cm 聚氨酯填缝剂做保温层,无柱子,墙体与屋顶连接处均设置圈梁。见图 3-16 至图 3-18。

图 3-16　浸料池以及粪池墙体、上梁砌筑

图 3-17　一次发酵隧道墙体、上梁砌筑

图 3-18　二次发酵隧道墙体、上梁砌筑

(8)一、二次发酵隧道高压风机安装、二次发酵风道安装。匹配 560 m^2 标准菇房的一次发酵隧道选择 11～15 kW 不锈钢高压离心风机；二次隧道选择 30～45 kW 不锈钢轴流风机，具体选型根据隧道容积、铺料厚度、风孔压强以及隧道单位时间换气次数综合确定。高压风机安装后用帆布等软连接接通 PVC 管道，二次发酵隧道风道安装时装入电动铝合金风阀以及进风口的空气过滤装置。见图 3-19。

图 3-19　一、二次发酵隧道高压风机、风道安装

(9)一、二次发酵隧道保温门、屋顶结构件制作安装。二次发酵隧道保温门采用 5 mm 聚氨酯墙板，要求容重 20 kg 以上，屋顶采用 150 mm 彩钢屋面板，上梁间隔 2 m 安放一根 C 型钢支撑彩钢屋面板。彩钢屋顶中间位置预留不锈钢风道，安装排风机。见图 3-20 和图 3-21。

(10)一、二次发酵隧道滑道、启门架制作安装。隧道门口镶 L90 角铁固定门口，门口两侧设置门挂件，圈梁焊接 L50 角铁挂大门滑道，启门架用合页连接至滑道。

图 3-20　一次发酵隧道保温门、启门架

图 3-21　二次发酵隧道保温门、启门架

(11)配电房彩钢墙板、屋面板安装。配电房放置高压风机、通风主管道、配电箱以及控制装置。见图 3-22 和图 3-23。

图 3-22　一、二次发酵隧道配电房

图 3-23　一、二次发酵隧道集中控制柜

3. 设备安装期

(1)一次发酵隧道配电箱、时间控制仪、数显接收器安装。一次发酵隧道通过定时开关控制，为自动控制系统。

(2)二次发酵隧道配电箱、变频器、多通道巡检仪安装。二次发酵隧道现多采用人工控制，若改装自动控制系统还需要 PLC 自动控制程序＋以太网＋温控仪＋NH_3 传感器＋执行器，国内二次发酵自动化控制技术尚不成熟稳定，急待专家完善，使二次发酵易于操控，工业化程度更高。

图 3-24　一、二次发酵隧道温度探头布置

(3)一、二发酵隧道温度感应探头布置。一次发酵隧道 2 个料温探头；二次发酵隧道 2 个空温探头(进风 1 个、回风 1 个)，4 个料温探头，穿管排线至墙一侧并固定。见图 3-24。

图 3-25　二次发酵隧道主动排风正背面

(4)屋顶安装不锈钢轴流风机、风道(发酵过程排放氨气)见图 3-25。

4. 调试期和验收期

电机电控装置联动实验,检查风压、风量大小、风嘴是否堵塞,给排水是否正常,隧道内封闭情况,校准温度探头。若出现问题及时修正,至此安装调试完毕,可以准备试生产。发酵隧道配套设备与隧道配合使用的机械设备主要是抛料机和铲车。见图 3-26。

图 3-26　抛料机和铲车

三、培养料隧道发酵工艺和流程

(一)培养料的配比

工厂化双孢蘑菇生产常用的原料有麦草、稻草、玉米秸秆、玉米芯、鸡粪、牛粪、饼肥、石膏、过磷酸钙、尿素等。原料的选择,既要考虑营养,又要考虑到培养料的通透性,各地区应因地选材，制定相应配方与工艺流程，节省原料成本。

培养料原料要求：新鲜无霉变，麦草含水量15%～20%，含氮量0.4%～0.6%，黄白色草茎长者为佳。鸡粪要尽量的干，不能有结块，含水量30%左右，含氮量1.8%～3.0%，以雏鸡粪最好，蛋鸡粪次之。主要辅料为熟石膏（$2CaSO_4 \cdot H_2O$），要求无杂质，不含重金属，特别是镁含量不宜过高，MgO含量控制在1%以下。为提高双孢蘑菇口感可添加2%的豆粕。

培养料配制原则：首先要计算初始含氮量，然后确定粪草比，最后确认培养料中碳和氮的比例。以粪草培养料配方为主的初始含氮量控制在1.4%～1.7%。以合成培养料配方为主的初始含氮量控制在2.0%左右。培养料配制的粪草比不能超过1∶1，否则游离氨气将很难排尽。

关于培养料配制中碳和氮的比例，国内人工栽培资料一致推荐碳氮比为(30～33)∶1，这种比例是基于国内相应的生产条件所适应的，在工厂化生产的培养料配制中碳氮比应为(23～27)∶1，这种碳氮比的配制将在料仓和隧道系统中发挥优势。培养料配制中碳氮比在生理作用层面上，碳源主要供应微生物生长所需的能量，氮源主要参与微生物蛋白质合成，变成微生物内部的构造物质。对微生物生长发育来讲，培养基中碳氮比是极其重要的，对双孢蘑菇而言尤其关键，碳氮比(23～27)∶1的培养料，在料仓和隧道系统中，有利于促进培养料发酵的有益微生物的生长发育，促进培养料的腐熟分解，在料仓一次发酵过程中，培养料中的碳氮比逐渐降到(21～26)∶1，在二次隧道发酵过程中培养料中的碳氮比逐渐降到(14～16)∶1，此时的碳氮比有利于蘑菇菌丝的生长发育，菌丝的良好生长为以后的蘑菇高产打下必要的基础。在培养料的堆制过程中，含氮量过低，会减弱微生物的活动，堆温低，延长发酵时间。含氮量偏高时，培养料分解出的氨气不能及时排出，铵态氮的含量增加，会降低培养料质量，影响菌丝的生长。因此，在配制培养料时，主料和辅料的用量必须按一定比例进行。

推荐配方：

麦草 1 000 kg，鸡粪 1 400 kg，石膏 110 kg ，其中麦草含水量 18%，含氮量 0.48%，鸡粪含水量 45%，含氮量 3.0%。培养料中初始含氮量 1.6%，碳氮比 23∶1，粪草比 4.8∶5.2。

(二)培养料堆制要求和流程

场地要求：工厂化双孢蘑菇生产的培养料发酵在造料中心厂内完成，中心封闭运行，分原料储备区、预湿混料区、一次发酵区和二次发酵区四个部分，对场地的要求是地势高，排水畅通，水源充足，菌料厂的地面，除原料储备区外都应采取水泥硬化，并根据生产需求设计合理的给排水系统。

发酵用水：符合饮用水的卫生标准，用自来水或深井水，同时排水系统要有防污染设置，排水要充分净化，发酵用水的质量控制指标是 pH 为 7～8，氮含量尽量低，浸料池水的含氮量每批料都需要测量。

堆制发酵：双区制的双孢蘑菇工厂，采取二次发酵技术，前期混料翻拌 4 d，用料仓进行为期 10～11 d 的一次发酵，用隧道进行为期 7～8 d 的二次发酵，总计 21～23 d（冬季稍微延迟）。双区制双孢蘑菇培养料堆制发酵流程为：

原料预处理→培养料预湿处理→混料调质→料仓一次发酵→隧道二次发酵→降温上料播种

（三）一次发酵

1. 原料预备和处理

蘑菇工厂麦草的储备一般用方块草捆形式码垛，一般每个产季都会收储一年所用的麦草用量，以后按生产计划分批投料，在投料时，要将麦草解捆，抖松，因麦秸在压捆过程中草茎被压扁，重新抖松后吸水较容易。

鸡粪要选尽量干燥的，如有结块需要粉碎，鸡粪在使用前须用 4～5 d 时间进行调质，使鸡粪含水适宜，结构松散，以利于混合。如果没有干鸡粪，将采用湿鸡粪。

在原料处理过程中，要严格控制的数据是：麦草鸡粪等原料的重量、水分、含氮量，灰分、pH 等，每一批料都要准确测量，这是一切的基础。

2. 培养料预湿

预湿是生产优质蘑菇的关键。良好的堆料过程是以预湿开始的，预湿能够软化秸秆，更容易与鸡粪混合，预湿并不是发酵，但软化的秸秆有助于发酵立即进行。不同的预湿系统所用的预湿时间、达到的预湿温度以及过程都不相同，预湿效果与原料质地、天气、混合系统的质量等密切相关。当秸秆有正确的颜色、软化的程度均匀时即可结束预湿。第一次预湿尽量不要破坏料的结构，整个过程时刻都要有良好的通风。

国内麦草预湿多在浸料池内完成，将松散的麦草用铲车推进浸料池反复混合和浸水，浸料预湿时间 48 h，在此期间用铲车翻料 3～4 次，预湿后捞料、建堆。采用玉米秸秆或菇渣作为主料时要根据实际情况调整预处理的工艺流程。

在国外，传送和混拌设备完善，通常将 80％调质后的鸡粪加 80％石膏粉，建小堆混合，要求充分一致，将含水量调至 60％～65％。在混料生产线上，鸡粪石膏将和捞料建堆的麦草进行混合，根据培养料的水分含量灵活调解以达到 73％～75％为宜，工序见表 3-1。混料调质后，取多点料样测量以下数据，水分、含氮量、灰分、碳氮比和 pH，调质后关键的质量控制数据是：初始含氮量 1.5％～1.7％，水分 73％～75％，pH 为 9～9.5，碳氮比(23～27)∶1。

表 3-1　预湿混料调质的工序

<table>
<tr><th>1 d</th><th>2 d</th><th>3 d</th><th>4 d</th><th>5 d</th><th>6 d</th></tr>
<tr><td>麦草预处理</td><td>浸料</td><td>翻料</td><td>捞料</td><td rowspan="2">麦草鸡粪石膏在混料生产线混合</td><td rowspan="2">进入料仓进行一次发酵</td></tr>
<tr><td>鸡粪调质</td><td></td><td></td><td>鸡粪石膏预混</td></tr>
</table>

麦草、鸡粪、石膏经过混料调质后，持水性、通透性和结构性得到了最大限度的优化和保持，各种微生物在水、温、气、适

宜的培养料中快速启动繁殖，微生物的演替随料温的变化而变化，其中，消落微生物的残体为消涨微生物的活体提供营养。这种有序的微生物动力学过程将使培养料具有选择性，以达到最适合蘑菇菌丝生长的目的，一次发酵在料仓（或隧道）内完成，料仓分上下两层，上层装料，下层送风，送风方式可以是层板式的，也可以是管路式的，两层就是指装料的算一层，送风算一层，层板式的是旧式的低压隧道也叫炕式隧道，里面是水泥格条，进料时用带摆头传送带，出料时用拉网机，目前很少采用，管路式的就是目前普遍采用的高压风嘴隧道。料仓底部的强制送风系统必须有穿透料层的能力，相对而言，高压的能穿透料层的风，比大量的供氧更重要。

在工序安排上，培养料经过混料调质后，立即用抛料机装入料仓，进行一次发酵，一般通风时间控制在 10 min/h，在适宜条件下料温会快速升温到 70～80℃，一般在第 4～5 天料温开始下降，这时需打开料仓，用抛料机把培养料转到另一个料仓，进行再次发酵，在转仓过程中，要将余下的 20％鸡粪和 20％石膏加入培养料中，重新启动发酵后，料温会再上升到 70～80℃，维持一段时间并再次下降时，进行第二次转仓，一般视培养料情况转仓 2～4 次。国内多在转仓时加入全部的石膏。

一次发酵可以认定为自由加热阶段，在此期间，易被竞争性杂菌利用的碳水化合物被降解，特异性的微生物初步占领优势。麦草湿滑有光泽，草秆长有一定的韧性，不易用手拉断，挤在一起的麦草呈球形，富有弹性，用力挤压手指缝会有水滴出，料质油滑，能将手弄湿弄脏，闻料有呛人的氨味，但没有臭味和酸味或其他刺激性异味，料堆顶部和靠墙处有轻微的白色斑点，良好的料仓一次发酵所获得的培养料数据是：

水分 73.5～74.5，pH 为 8.5 左右，氨气 750～950 mg/m^3，氮含量 1.7%～1.9%，灰分 25%～29%，碳氮比(21～26)：1。

（四）隧道二次发酵

经过良好的料仓发酵（一次发酵）的培养料需要运进二次发酵隧道进行巴氏灭菌，时间 7～9 d，在隧道系统中，装料是非常关键，在装隧道时要用甩头抛料机将培养料松散一致的抛堆成宽 4～5 m，厚 1.8～2.1 m 的料堆。

隧道二次发酵分 6 个阶段，分别是：均温阶段、升温阶段、巴氏灭菌阶段、冷却阶段、选择培养阶段和降温播种阶段。

（1）均温阶段（0～6 h）6 h。隧道填料后，用 6～8 h 进行均温，使料层不同位置料温趋于一致，每吨培养料每小时给 150～200 m^3 的循环风，间隙给 5%～10%的新风。

（2）升温阶段（7～22 h）16 h。料温稳定一致后，以 1℃/h 的速度将料温逐步升到 58℃，过快过慢都须调节，这种温度的升降显示着微生物的生长规律，须严格遵守，风量的控制是 150 m^3/(t・h)，供氧 10%。

（3）巴氏灭菌阶段（23～30 h） 8 h。料温 58～61℃，保持 8 h，在此期间，主要是利用巴氏消毒的原理，将培养料内残留的杂菌虫害杀死，但料温不能偏高，如偏高会伤害到发酵有益微生物，造成后期选择不利，培养料营养难以转化。风量 120 $m^3/(t \cdot h)$，新风控制在 5% 是理想的，如果料温剧烈上升，则巴氏灭菌必须停止，等料温稳定后再重新开始。

(4)冷却阶段(31～34 h) 4 h。巴氏灭菌结束后，大量通新风补充氧气，4 h 内将料温降到 51～52℃，加快游离氨的消失速度，在 51℃ 的选择调节点进行特异性选择，环境控制按程序操作。

(5)选择培养阶段(35～155 h) 96 h。在 50～51℃料温的调节点进行为期 3～4 d 的选择培养，使放线菌等有益微生物得到大量繁殖，进行堆肥的发酵腐熟，风量 100～150 $m^3/(t \cdot h)$，供氧充足，而后 1～2 d 逐步降至 49℃，空温要服务于料温，如果选择正确，在后期，料温会呈爬升现象，但要把料温控制在 49～51℃ 的范围，将氨气排净(料温 49℃ 以上利于氨气排出，49℃以下利于游离铵的固定)，风量 175 $m^3/(t \cdot h)$。一、二次发酵的温度控制曲线见图 3-27 和图 3-28。国外在二次发酵后的培养料中拌入菌种之后再次进入隧道，在严格的温度、通气条件下进行发菌培养，也称为三次发酵(phase Ⅲ)。其标准的发酵过程见图 3-29。

(6)降温播种阶段(156 h 以后)。检查发酵料呈棕褐色，料内有大量的白色放线菌等有益微生物的菌斑，菌丝体，闻不到氨味或其他刺激性异味，略带有甜面包味，草茎柔软疏松有弹性，用手拉即断，不黏无滑感，不污手时，说明发酵结束。这时需加大新风量将料温从 49℃降到 25℃，及时出料播种防止料温回升。

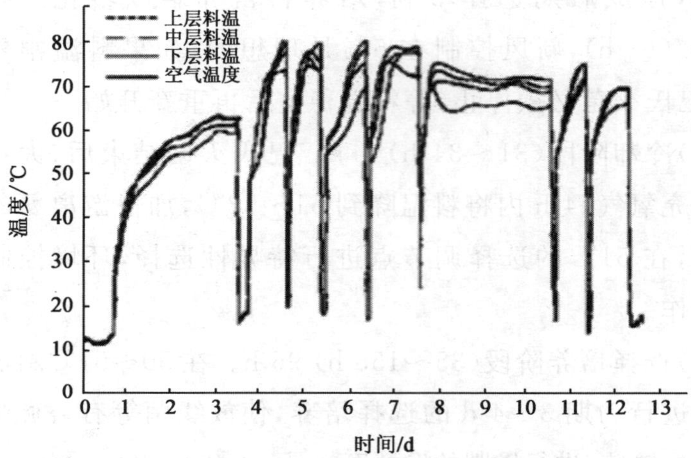

图 3-27　一次发酵阶段堆温的变化

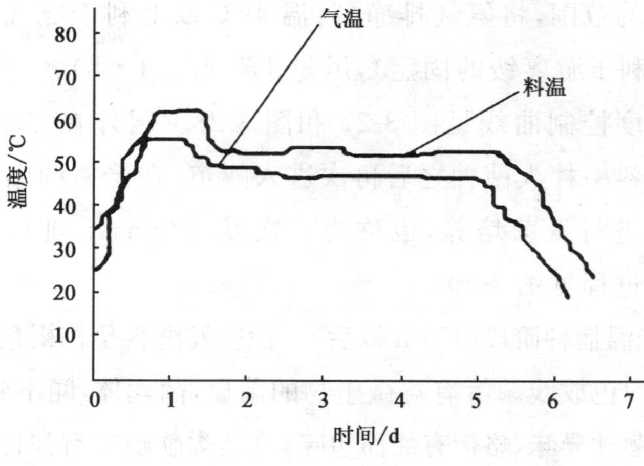

图 3-28　二次发酵阶段堆温的变化

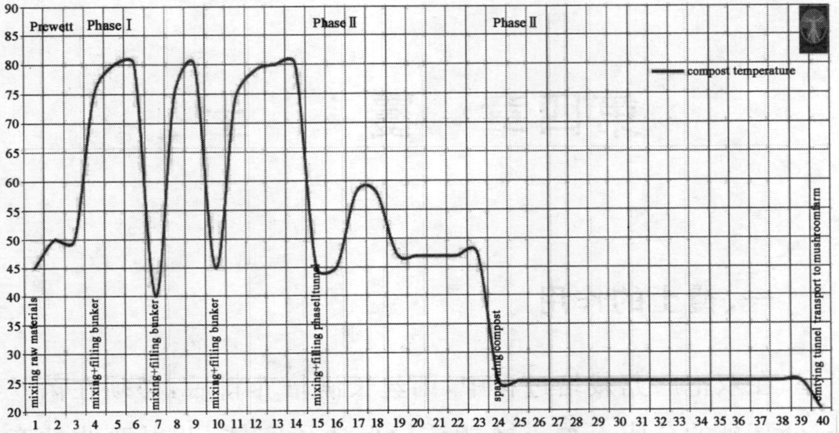

图 3-29　国外双孢蘑菇隧道一、二、三次发酵温度控制曲线(摘自蘑菇节)

经过正确隧道发酵获得的二期培养料质量控制数据：水分 68%～70%，pH 7.5～7.7，氨气低于 10 mg/m^3，氮 2.0%～2.2%，灰分 27%～32%，碳氮比(14～16)：1。

(五)播种发菌

培养料经过二次发酵后，以每吨堆肥 5～7 L 菌种的比例进行播种，或是 0.5～0.7 kg/m^2，菇床铺料 89～100 kg/m^2，在菇床或发菌隧道(国外采用三次发酵隧道)内经 13～15 d 完成发菌，发菌结束后良好的控制数据：水分 64%～68%，pH 为 6.8～7.2，含氮量 2.1%～2.3%，灰分 29%～35%，碳氮比(12～15)：1。

第四章 覆　土

一、覆土的作用

在双孢蘑菇栽培过程中，菌丝长满培养料后，必须在菌丝充分蔓延的菇床上覆土才能诱导形成子实体，获得商业性产量。不覆土则不出菇或很少出菇。双孢蘑菇由菌丝体的营养生长转向子实体生殖生长的发育过程中，覆土是影响其产量、质量和出菇整齐度的重要因素。覆土在双孢蘑菇生长过程中的作用如下。

(1)覆土层可提供给双孢蘑菇菌丝和子实体生长所需的大量水分。双孢蘑菇生长发育过程中的周期性变化，较其他食用菌更为明显。因此出菇旺期需要补充大量的水分，供双孢蘑菇吸收。假如没有土层，料面难以承受这样大量的水分，而土层既能吸收贮存这样多的水分，空隙间又有足够的空气供双孢蘑菇吸收，因而能维持双孢蘑菇的正常生长发育。

(2)覆土层在料面可以造成一个温、湿度较为稳定的小气候，有利于菌蕾的形成。覆土以后，使裸露的培养料面增加了保护层，防止水分快速蒸发以及具有一定功能代谢产物的挥发。

(3)覆土后改变了营养条件,促进菌丝在营养较差的土层中由营养生长转向生殖生长。双孢蘑菇菌丝在营养丰富的培养料内生长旺盛,当生长到覆土层时由于营养成分含量甚微,生长就受抑制,从而转向生殖发育而结菇。

(4)覆土为某种特定的细菌生长繁殖创造条件,该细菌的代谢产物能够刺激双孢蘑菇菌丝的扭结和分化,促进子实体的形成。

(5)覆土后改变了料面和土层二氧化碳和氧气的比例,促进菌丝扭结成子实体。双孢蘑菇菌丝体和子实体对二氧化碳的耐受力是有差异的。覆土以后引起料面和土层中二氧化碳含量的变化,从而控制双孢蘑菇菌丝在土层中的生长,使之及时形成菌蕾。

(6)覆土层可支持双孢蘑菇子实体的正常生长。双孢蘑菇子实体在裸露的料面上无法正常直立生长,而覆土层却起到了一种支撑子实体生长的作用。

二、覆土材料的理化性状

在双孢蘑菇生产中,理想的覆土材料应具有持水能力高、pH 适宜、质地良好等理化性状,同时,其营养成分不能过于丰富,可溶性无机盐含量低,尽量不含有害物质。

(1)持水力。在所有的覆土材料中,草炭土通常是最理想的,其持水能力最强,可达 80%左右;在实际生产中,需要添加石灰进行调节 pH,在一定程度上降低了其持水能力,一般以 66%～70%为宜。

(2)pH。适宜的 pH 可保证菌丝的正常生长,研究表明,如果培养料的 pH 低于 7,容易导致木霉等杂菌的侵染;因此,在生产中调节培养的 pH 在 7.5 左右。

(3)质地。双孢蘑菇覆土材料应质地均匀,透气性好,连续反复喷水不会导致严重的结构破坏。

(4)营养。在双孢蘑菇生产中,如果可降解有机质成分含量高,容易滋生杂菌,进而抑制双孢蘑菇菌丝的生长。同时,如果无机盐含量高,可导致覆土材料的渗透值增加,也会降低双孢蘑菇产量。

总之,适于作覆土的材料应具有如下的性质:持水性高(团粒结构);通气性好(团粒结构);中性或微碱性(pH 为 7.2～7.8);含钙(改善结构);不含营养成分;盐分低(不含镁、钠等);不含未分解的有机物;不含寄生菌和小动物(病原菌、线虫等)。

三、覆土材料的种类

目前,国内用作双孢蘑菇生产的覆土材料主要有:草炭土、耕田土、山坡壤土、河泥土等,以上覆土材料除草炭土具有良好的持水能力和透气性外,其他土壤的最大含水量均不超过 40%,因此,在生产应用时极有必要进行复配以达到理想的效果。

(1)草炭土。具有良好的持水能力,持水率可达 80%,酸碱度适中，病虫杂菌含量少，有利于菌丝扭结形成子实体，出菇整齐。目前，工厂化栽培企业多采用草炭土；但草炭土属不可再生资源，成本高，尤其是非草炭土生产区，运输成本高，此外，不同来源的草炭土其理化性状也有较大的差异，在产量及子实体商品性状方面也存在一定的差异。因此，结合当地现有资源，有必要开发利用其他覆土材料替代或部分替代草炭土用于双孢蘑菇生产。

(2)耕田土。在一般耕地上，耕作层土壤被认为有机质较高、团粒结构合适，适于作为双孢蘑菇生产的覆土材料；但通常耕作层土壤比较肥沃，土壤微生物基数高，其中含有一些对双孢蘑菇有害的微生物种群；有的土壤农药残留偏高，有的土壤中的病原菌和害虫、虫卵含量较多，在实际生产中不宜大量采用。耕作层 20 cm 以下的土层，相对肥力低，团粒结构差，但有害微生物数量少，经简单消毒处理，可作为双孢蘑菇覆土材料。

(3)山坡壤土。此类土壤洁净，病原菌和害虫残留极少，病虫害发生的诱因大大降低；多以沙黏性为主，团粒结构较好，但毛细孔隙不够丰富，土壤 pH 多为酸性，使用时应适当加大石灰的使用量，并添加稻壳、稻草段等，丰富土壤的毛细孔隙，增强持水效果。

(4)河泥土。此类土壤质地细密黏重，细菌含量较多，经多次喷水后土壤易板结，导致土层内菌丝和料层内菌丝缺氧，影响出菇产量；同时，个别地区应注意土壤中的重金属含量检测，以免造成子实体重金属超标。在用作覆土材料时应添加辅助成分，如稻壳、稻草段、草炭土等进行复配，以改善土壤的理化性状。

四、覆土调制及消毒

作为覆土用的土壤，应选择前茬没有生产过食用菌的田地，取耕作层以下保水性、通透性好的土壤。过筛后直径是6～8 mm的土壤作为覆土材料效果较好。在确定覆土材料和配方比例后，主要是加入石灰以及消毒。

1. 添加石灰

由于土壤一般是酸性的，添加石灰可调节土壤的pH，改善土壤的物理结构，这对于土壤团粒结构的形成和反复喷水土粒的稳定性是很重要的。另外，覆土的弱碱性（pH为7.2～7.8）对病虫害的预防也是有效的。

普通的石灰，可以用碳酸钙、生石灰、消石灰、硅酸钙等。主要的石灰是碳酸钙和消石灰。刚开始覆土之前，添加过量的消石灰，覆土有变成强碱性的危险。但因空气中的二氧化碳作用，慢慢变成碳酸钙之后，pH就会下降。因此，使用消石灰时，需提前几天处理覆土。

2. 覆土消毒

土壤中含有无数的微生物，必须杀灭其中的有害菌、线虫、螨虫等。但是，完全形成无菌状态，反而会失去竞争作用，空气中的有害菌感染覆土后，就会迅速增殖。特别是被褐霉和木霉感染之后，就会明显减产。消毒的主要目的是驱除疣孢霉、褐斑病、轮指孢霉、细菌性斑点病、线虫、螨、菇蝇的卵褐幼虫等。常用消毒方法如下：

（1）福尔马林（甲醛）消毒。在事先消毒的水泥地板上，铺上 15 cm 厚的土粒，喷上 2%～4%的福尔马林，其上再铺上 15 cm 厚的土粒，再喷上福尔马林，反复 4 次堆成一堆。用薄膜覆盖 2～3 d，揭开待药气散去后使用。福尔马林的杀菌作用是在变成气体时产生的，因此，在冬季气温 15℃以下，福尔马林挥发性低，消毒的效果差。相反的，夏天用的福尔马林消毒是极有效的。一般来说，为了消毒 1 m^2 的土壤，需要把市售的 40%的福尔马林原液 700～1 000 mL 配成 2%～4%的溶液，进行均匀喷洒。也可使用消石灰，土壤要闷盖 1 周以上的较好，期间 pH 稳定在 7.5 左右。水不足时，在覆土前 1 d 轻轻喷一些水，调到含水量 65%左右。为了杀灭菇蚊蝇的幼卵，可以在覆土前混入 BTI 杀虫剂，或者在覆土后及时喷洒残留少的杀虫药剂。

（2）蒸汽消毒。具体方法是，覆土装袋后，码放在距离地面 20～30 cm 高的支撑架上，码放时袋子中间错开利于蒸汽上升，全部码放好后盖 2～3 层塑料膜，边缘压实，通入蒸汽，待土温达到 60℃左右时保持 8～10 h，自然降温后倒入搅拌机并加入石灰、碳酸钙等混合，见图 4-1。蒸汽消毒多在冬季温度较低，采用甲醛消毒效果不佳时采用。

第五章　菌　　种

一、菌种常识

（一）概念

食用菌生长繁殖离不开菌种。作为食用菌生产者，了解并知道有关食用菌菌种的常识是很有必要且有益的。不仅有利于生产者树立规范制种的意识，提高鉴别真假菌种的能力，还有助于优良菌种的选育、改良与保藏。

食用菌的“种子”是孢子，通常所用的菌种是菌丝体，相当于高等植物的秧苗。种子一般处于休眠状态，而秧苗常处于生长状态。食用菌栽培用的菌种就是菌丝体，就如种水稻不用种子，而用秧苗一样。

一般商品意义上的菌种由三部分组成，即菌株的纯菌丝体、菌丝体着生的基质和包装容器。菌种因培养基质结构不同，有固体菌种与液体菌种之分。在固体菌种中，按基质成分的不同，又分为粪草菌种、谷粒菌种等。若按菌种生产繁殖过程的先后，又有母种、原种、栽培种之分，或称其为一级种、二级种、三级种。

图 4-1　蒸汽灭菌覆土材料

3. 草炭土覆土材料的制备

草炭土使用之前，需加碳酸钙，具体比例为 1 m^3 草炭土加入 40 kg 碳酸钙，混合均匀，并调节 pH 在 7.5 左右，用 50 倍甲醛(栽培 100 m^2 双孢蘑菇覆土用甲醛 3～5 kg)溶液喷洒覆土，使湿度保持在 70%，用塑料薄膜密闭覆盖 7～10 d。

4. 其他覆土材料的制备

准备采用的土壤，打碎、过筛，使直径在 1～1.5 cm，在太阳下晒干；一般按照 10∶1 的比例准备土壤和稻壳等辅助材料，其中，稻壳等辅助材料要提前 1 d 用 5% 的石灰水浸泡预湿，捞出沥干，使二者混合均匀，用 50 倍甲醛(栽培 100 m^2 双孢蘑菇覆土用甲醛 3～5 kg)溶液喷洒，使湿度保持在 70%，并加石灰调节 pH 在 7.5 左右，用塑料薄膜密闭覆盖 3 d。

实验表明，以 50%河泥土＋50%草炭土为主的覆土配方子实体的产量与纯草炭土的配方产量差异不显著，该覆土配

方可完全取代以纯草炭土的覆土配方，有效降

5. 覆土

覆土前一天揭开薄膜让甲醛彻底挥发；覆土时间一般在播种后半个月左右，在菌丝长满培养料的 2/3 或大部分菌丝接近培养料底部时覆土，厚度在 3～5 cm。

食用菌菌种的生产与作物种子的扩繁有本质的差别，其原因是其菌种生产为无性繁殖过程，不发生遗传重组，母种、原种和栽培种之间的基因型不变，其菌种的分级尤其是原种与栽培种的划分是人为的。在生产实践中，原种与栽培种可能有一定的差别，这种差别不是由于菌种本身种性的差别，而是在菌种生产过程中由于隐性污染，导致栽培种的纯度可能比原种低。

(二)种、品种、菌株及菌号的区别

1. 种

“种”(species)是生物分类的基本单位，在“属”(genus)之下，特指具有一定形态特性和生理特性以及一定自然分布区的生物类群。同一种的个体之间遗传特性相似，彼此间交配可育。不同种间的个体则不能相互交配或交配后不能产生有生育能力的后代。生物的每个种都有学名，学名按双名法，用两个拉丁词组成。前一个为属名，用拉丁文名词表示，如 *Agaricus* 意为“蘑菇属”；后一个为种名，常用拉丁文形容词表示，以描述该种的主要特征，如 *bisporus* 意为“双孢的”。

2. 品种

每一个品种均有共同祖先，有一定的经济价值，是遗传性状比较一致的人工栽培的食用菌群体。品种是人工选择的结果，是人们利用同一物种不同个体间的差异，按照人类的经济目的不断选择培育而成，能适应环境条件和栽培条件，在产量和品质上比较符合人类的要求。农作物品种一般是指具有高产、优质、农艺性状好,可人工大量栽培的品系,所以品种的定义为“具有生产应用价值的菌株”。我国农作物品种的应用需要经过品比试验,区域性栽培试验,最后须经过作物品种审定委员会评审,批准后取得品种资格方可应用于生产。因而选育一个优良的品种往往需要几年甚至十几年。

3. 菌株

在微生物学中,菌株(strain 或 line)又称为“品系”、“菌系”或“小系”,含义是起源于共同祖先的相似的个体,如同一种、同一品种、同一子实体分离出来的纯的培养物。在遗传学中一般是指自交或近亲繁殖若干代后,所获得的遗传性状比较稳定的后代。

菌株与品种是两个不同的概念,所有的分离培养物只要具有差异性,都可认为是不同的菌株。而品种强调的是生产性状要有代表性,品种可以是某一菌株,但不是所有的菌株都是品种,因为品种必须经过权威部门审定。优良菌株经过鉴定、品比、繁育后,即可成为品种。菌株可作为育种材料,但不是所有的菌株都具有生产应用价值。不同菌株之间的差异可以是形态差异,也可以是农艺性状或是生理生化方面的差异。区别不同菌株传统的做法是进行拮抗实验或极性测定,现在还可应用同工酶图谱、DNA 指纹图谱等鉴别技术。

4. 菌号

按国际细菌命名法规(1976),菌株(strain number)的命名可用任何形式，可用个人的姓名、地点或数字表示。但为方便起见，一般均用数字表示，附在种名后面而成为菌号，例如法国的双孢蘑菇品种 F56、F60；美国 Sylvan 公司的 S130、S608；荷兰的 U1、U2；中国的 As2796、闽 1 号等。

我国的食用菌菌号比较混乱，有些单位或个人引进一个菌株后由于商业目的就重新编一个菌号，同一菌株在不同地方有不同的菌号，出现同种异名现象。同种异名给科研工作带来许多无意义的重复，在生产上也给菌种应用带来障碍。还有一种情况，从某栽培品种的子实体通过组织分离，冠以一个新的菌号，这也是普遍现象。一般地说，组织分离不会改变其基因型，分离物与原栽培品种种性相同，不是新菌株。如果进行组织分离的菇体是一个变异体（概率极小），可以作为新菌株，例如白色木耳、白色金针菇都是从自然突变的个体上组织分离的著名新品种。总之，组织分离是否能编为新菌号，需要有可遗传的新性状，或通过必要的实验证明它与原菌株是不同的。

二、品种类型及主要品种特性

（一）品种类型

按子实体色泽划分可分为白色、奶油色和褐色 3 种类型。白色双孢蘑菇形美、色好、质佳，很受消费市场欢迎，在世界各地广泛栽培。奶油色及褐色双孢蘑菇子实体较大，不适于加工制罐，一般以鲜菇供应市场，栽培规模受到很大限制。

按子实体大小划分可分为大粒型、中粒型、小粒型 3 种。多数菌株属于大粒型或中粒型。小粒型品种菇肉结实、鲜嫩、品质优良，适于整菇制作罐头食品。

按子实体生长最适温度划分可分为中、低温型（如 As2796、U3、176 等）、中高温型（如上海 102、9506 等）及高温型（如夏菇 93、W2000 等）3 种。大部分双孢蘑菇菌株属于中低温型，最佳菇温是 13～18℃，产菇期多在 10 月至翌年 4 月份。夏季因不能抵抗高温而停止生产。高温型菌株的适宜菇温是 26～32℃，适于 5 月底至 6 月初播种，7 月中旬至 9 月底出菇。高温型菌株是进行反季节栽培，消除市场淡季，提高生产效益的理想选择。

按母种菌丝形态划分可分为气生型、匍匐型和半气生型。气生型菌株抗逆性较差，出菇较迟，转潮较慢，单产较低。但菇质优良，菇味浓香，商品性状好，适宜于制罐或鲜销，如闽 1 号、102-1。匍匐型菌株耐肥、耐温、耐水性及抗病力较强，出菇整齐，转潮快，单产较高。但畸形菇多，易开伞，菇质欠佳，加工后风味淡，适宜于盐渍加工和鲜售，如 S-176、101-1。半气生型是通过人工诱变、单孢分离或杂交育种等方法选育出的介于匍匐型和气生型之间的类型。兼有贴生型和气生型两者的优点，既有耐肥、耐水、耐温、抗逆性强、产量高的特性，又有菇体组织细密、色泽白、无鳞片、菇形圆整、整菇率高的品质。如 As2796、浙农 1 号等，都是我国栽培较广泛的品种。

(二)主要品种特性

1. A15

子实体单生、丛生,半球形,白色,菌盖大小 3.5～5 cm,菌盖厚 1.9～2.3 cm,菌盖色白,表面光滑;菌柄长 2.8～3.6 cm,粗 1.9～2.5 cm;菌丝生长温度为 20～30℃,菌丝在 pH 为 5～8 时均能生长;发菌期为 20～25 d,从播种到出菇需 35～45 d;原基形成温度为 10～20℃,菌丝体生长最适温度 24～28℃;子实体适宜生长温度为 10～20℃,出菇潮次明显,7 d 左右一潮菇。

2. W192

子实体单生,菌盖扁半球形、表面光滑,直径 3～5 cm;菌柄近圆柱形,直径 1.2～1.5 cm、菌盖色白。菌丝培养阶段适宜料温 24～28℃,出菇菇房适宜温度 16～22℃,喷水量比 As2796 略多。菌落形态贴生,气生菌丝少;播种后萌发快,菌丝粗壮、吃料较快,抗逆性较强,爬土速度较快。潮次明显,其他性状与 As2796 没有明显差异。

3. As2796

也称为“闽 4 号”,是我国具有知识产权的杂交品种,由福建省轻工业研究所王泽生等育成,是自 20 世纪 90 年代以来在我国栽培最广的高产稳产优良菌株。该菌株为半气生型品种,较耐肥、耐水和耐高温,出菇温度 10～24℃,最适 14～20℃;子实体白色圆整、大小适中,无鳞片、肉厚柄短、组织结实，不易开伞、脱柄。1～4 潮菇产量均匀，转潮不明显。可工厂化栽培，在我国更适宜温室大棚栽培，是目前国内栽培最广泛的双孢蘑菇品种。鉴于该菌株比较耐热，因此，可以比一般菌株提前 10～15 d 栽培。北京地区 7 月中下旬发料，8 月中旬播种。由于它的纽结力强，成菇率高，且后劲强，因此要求投料量足，每平方米应投 30 kg 左右，含氮量 1.4%～1.6%。

4. F56

来源于法国。菌丝匍匐型，子实体白色，菌盖较小，菌柄略长。子实体生长最适温度比 2796 偏低，为 15～17℃。抗杂力强，耐水肥，对培养料适应广泛。该品种冬天出菇期短，出菇密度大而整齐，产量高，转潮快，产量每平方米 10～15 kg。菇体小而均匀，适合盐渍、出口及鲜销，市场价偏高于 2796。

5. 176

1979 年从美国 Sylvan 公司引进，中科院微生物研究所编号为“S-176”。是国内最早大面积栽培的匍匐型菌株。菌丝呈线索状，分枝多。萌发吃料快，菌丝爬土较慢，但扭结能力较强，转潮快，出菇整齐，稍耐高温，后期产量较平稳。菇形适中，一般每千克 80～114 只，洁白、圆正。菇顶平，略有凹陷，在水肥不足或落潮时，菇顶会出现明显凹陷。有鳞片，影响商品质量。176 菌株与其他菌株比较，有较强的抗病和抗杂菌感染能力。

6. 浙农 1 号

浙农 1 号是浙江农业大学寿诚学教授经紫外线诱变,从 S-176 菌株中选育出来的一个蘑菇高产菌株。菌丝属于半气生型,淡白色,线状菌丝较少,基内菌丝较 176 菌株粗壮,菌丝在培养料上长得快,爬土快。子实体圆正洁白,菇顶圆凸,菇柄粗而短,菇型中等偏大,每千克平均 60 只左右。浙农 1 号喜水肥、耐高温,适应性强,出菇早,转潮快。在福建、浙江等地栽培较多。

7. 102-1

母种菌丝属气生型,出菇早、快,大小匀称。品质好,转潮快,产量高,抗病力强,鲜销制罐均可,是湖南省栽培的当家品种之一。

8. 101-1

101-1 是从 102-1 中选育出来的。菌丝呈匍匐型,线状菌索明显。出菇早,易出密菇。该菌株耐水肥、适应性和抗病能力较强,品质较佳。

9. 夏菇 93

浙江农科院食用菌研究所于 1993 年选育出的国内首个适合于夏季栽培的高温型品种,原名“浙 agh-1”。菌丝最适生长温度 27～28℃,生长范围 20～38℃,子实体最适生长温度为 27～28℃,生长范围是 22～34℃,单产 7.5～15 kg/m^2。

三、菌种制作方法及国内外菌种制作单位情况简介

（一）菌种制作方法

双孢蘑菇菌种制作方法与其他食用菌菌种制作方法区别不大，其生产设备、生产工艺及生产技术规范均与其他菇种一致，区别在于以下两个方面：一是双孢蘑菇二级种或三级种制作时一般选用麦粒或谷粒作为培养基；二是在制作二级种或三级种时，生产上建议加入少量的二次发酵料至麦粒培养基瓶口，能有效提升菌种生长速度。

（二）国内外菌种制作单位

1. 美国双孢蘑菇菌种公司

美国拥有世界上排名前三的双孢蘑菇菌种公司，分别为 Sylvan、Amycel、Lambert 公司，Sylvan 食品公司（Sylvan Foods Holdings. Inc.）是美国最大也是世界最大的跨国蘑菇菌种公司，经历了几十年的兼并历程，由 100 多年历史的法国 Somycel 蘑菇菌种公司和瑞士 Hauser 蘑菇制种公司，组成了 Sylvan 集团公司，在世界范围内有 16 个分公司，为 65 个国家的双孢蘑菇生产工厂提供菌种，有相对强大的科研力量和生产技术参与菌种的研究、生产以及售后服务。采用现代化的菌种生产系统，各生产单元对菌种的纯度、稳定性和活力的要求是一致的，从菌种保藏的评价系统，母种的纯度、活力和遗传特征检测到制种全过程的质量监控，对每个用作母种的菌

株都做生长质量、种植性状和遗传特征等分析，确保菌种质量。Sylyan 在全球的菌种销量约 4.3 万 t，按菌种：鲜菇＝1：30 计，可供生产鲜菇 130 万 t。提供棕色和白色双孢蘑菇品种，目前国内北京、山东、天津等地双孢蘑菇工厂均有采用 Sylvan 公司的菌种，正常情况下，每平方米产量在 20 kg 以上。

2. 欧洲双孢蘑菇菌种公司

欧洲本土双孢蘑菇菌种公司目前仅有比利时的 Mycelia 公司，部分欧洲双孢蘑菇生产工厂使用其菌种。提供品种亦分棕色和白色品种，白色品种为 u1 和 u3 等系列母种杂交而育成的 A15，菌种厂规模中等，在提供双孢蘑菇菌种的同时，还提供其他菇类菌种，如香菇、平菇等。因其在地理位置处于欧洲中心位置，故较其他菌种生产厂有交通便利优势。生产线和制种系统均为现代化流水线，但研发及育种实力相较美国菌种公司较弱。

3. 国内双孢蘑菇菌种公司

相较国外双孢蘑菇菌种生产单位较多，且形成一定的竞争格局，国内成规模且具有较高生产水平的为福建百菇生物技术有限公司，该公司依托于福建省农业科学院食用菌研究所的科研团队和技术力量，收集并育成了 As2796、W192、W2000 等具有优势性状且适合国内管理相对粗放模式的高产菌种，但目前受制于生产能力和国内菌种市场现状，不能完全满足市场需求并形成市场主导力量。

四、菌种质量的鉴别

鉴于部分生产者采用自繁菌种的生产策略的国情，按照国家标准 GB 19171—2003 双孢蘑菇菌种标准，对生产者而言，母种应当符合以下感官指标：菌丝体特征，洁白或米白、浓密、羽毛状或叶脉状；菌丝体表面，均匀、平整、无角变；菌丝分泌物，无菌落边缘整齐，无膏状、蜡状细菌或酵母菌菌落及霉菌菌落；培养基斜面背面外观，培养基不干缩，颜色均匀、无暗斑、无色素；培养物气味有双孢蘑菇菌种特有的香味，无酸、臭、霉等异味；培养物镜检菌丝粗壮，无杂菌菌丝及孢子，无虫及虫卵。

栽培种质量鉴别方面，应符合以下标准：菌丝体特征，洁白浓密、生长旺健；同部位菌丝体，生长均匀，无角变，无高温抑制线；培养基及菌丝体，紧贴瓶(袋)壁，无干缩；无培养物表面分泌物；无各种杂菌孢子、菌丝；无拮抗现象；培养物气味，有蘑菇菌种特有的香味，无酸、臭、霉等异味；培养物镜检，菌丝粗壮、无杂菌菌丝和孢子、无虫及虫卵。

五、菌种的保藏及运输

不适条件的双孢蘑菇菌种保藏和运输将对菌种质量造成严重的破坏，进而对生产造成重大损失。菌种保藏的方法多种多样，但最重要的原则是将菌种低温保藏以保持菌种活力，最简单的方法是在适宜的培养基中经常进行继代培养，并把它们存放在3～5℃的冰箱中。高温对菌种活力而言是致命的伤害，据 Van Zaayen 和 Rutijens 研究证实，目前双孢蘑菇菌种2个重要的来源品种，菌丝分别在44℃和48℃时就会死亡。从菌种运输方面来看，如果不马上使用菌种应将菌种尽快放入冷库进行保藏。

对于双孢蘑菇来说，控制培养条件、掌握好菌龄、适宜的菌种保藏条件可有效控制菌种老化，液氮超低温保藏是公认的最有效的保持种性的措施。然而，目前国内大部分菌种生产单位或个人没有这种条件，常用的是斜面低温传代保藏（冰箱保种），这种保种方法常引起菌种老化或生理退化，据 Lemke 研究表明，在2℃条件下保藏菌种252 d，则不会出菇；相反在－2℃条件下保存224 d，菌种不会有任何减产。因此，对草腐型的双孢蘑菇菌种采用粪草培养基，结合低温（冰箱）进行保种，可获得较好的效果，同时对母种不进行频繁的转管以减少外源污染的风险。下面介绍几种常用的菌种保存方法如下。

（一）斜面低温保藏

该法的优点是保藏方便且所占空间较小。具体做法是：菌丝长满斜面后，放在0～5℃保存。以后每隔一定时间（2～3个月）转管一次。转管保存不能长期用 PDA 培养基，否则种性易退化。因此隔一定时间（1年左右）须把菌种转接到粪草培养基上复壮，之后挑选健壮无污染的菌丝再转回PDA培养基保存。在长期保存过程中，要防棉塞受潮滋生杂菌。菌种试管口最好用蜡烫封，以防培养基内水分过快蒸发。增加琼脂用量（2.5%～3%）可减缓水分蒸发，还要防止菌种管的标签脱落而造成种系混杂。

（二）贫、富培养基轮用

保存菌种的培养基不能营养太丰富，否则菌丝生长过旺易老化，且产生较多的有害代谢物而导致菌种死亡。因此，大都采用马铃薯-葡萄糖-琼脂斜面（PDA）。双孢蘑菇在PDA培养基生长虽细弱，但不易老化、生命保持期长；而在加富（如蛋白胨、酵母膏、麸皮浸液等）的PDA培养基上菌丝生长虽旺盛，但易老化、生命保持期短。因此，双孢蘑菇斜面菌种轮用贫、富培养基保藏，有利于其优良种性的保持和复壮。

同一菌株若长期使用某一培养基，菌丝的生长速度减慢，会出现菌丝细弱、断节、稀疏的现象，这是因为菌丝一直生长在半合成的同一基质上，与其自然生长环境不同，某些酶和活性物质长期得不到启用，会钝化或丧失活力。通过更换培养基，特别是天然营养物质的更换能改变碳、氮、矿质元素成分，恢复菌丝活力。

（三）有孔胶塞封藏

棉塞封口培养基易失水干缩；而用无孔胶塞封口造成缺氧，菌丝会因缺氧而死亡或发生生理反应（菌丝或基质产生色素）。如在胶塞上钻孔，孔径 1.5 mm，再用棉花封孔口来协调保水与通气的矛盾，菌种贮藏 9～12 个月后仍能成活 80%以上。

（四）自然基质保藏

根据双孢蘑菇的特性，利用自然基质保藏其菌种的方法。草腐菌采用以粪草为主料的培养基。自然基质营养全面，且大部分为缓释养分，不易产生营养过剩或饥饿；培养基理化性状好，可吸收或缓冲菌丝代谢出的有害物质，水分与通气协调平衡，部分菌丝扎入基质内生长，不裸露于空气中，菌丝呼吸强度低，生命力强。

（五）石蜡隔氧封藏

将液态石蜡分装入三角瓶内，装量达瓶空间的 1/3，塞好棉塞，于 121℃灭菌 2 h，然后置 40℃温箱中，使其水分蒸发，或置于干燥器内数日以除去水分，石蜡呈透明状为宜。在无菌条件下，用无菌吸管装入已长好菌丝的斜面试管，使液面高出斜面顶部 1 cm 左右。塞上无菌橡皮塞，竖直保存。此法可使菌种存活 3 年以上，但以 1～2 年移植一次为好。移植时不必倒出石蜡，用接种钩取一块菌丝即可。因转移时带有石蜡，菌丝生长弱，需要再转管 1～2 次，方能复壮。

六、制种还是买种？

在回答这一问题时，要考虑的最重要因素是菌种质量要好。如果能以合理价格买到来源可靠的菌种，那么想栽培菇菌的人就应该集中精力考虑菇菌栽培方面的事情，而不是制种。有时菌种的原始质量很好，但运输环境可能引起变质，从而导致栽培失败，特别是谷粒菌种对高温非常敏感，因此，要认真检查运输条件，确保冷藏运输。如果当地没有菌种生产厂家，运输又麻烦，那么开始自己制种是明智的。充分估计要解决的问题后，才可能生产出连贯一致的优质菌种。如果以前没有在无菌条件下工作的经验，制种准备工作至少需要一年。自己制种看起来可能比买现成的菌种更便宜，但菌种费用只是菇菌栽培总费用的一部分。如果有绝对把握，保证自己制作的菌种质量比买来的好，才可自己制种。新西兰一个经验丰富的香菇栽培场，在用退化品系的菌种接种他所有的培养料后破产了（他用退化的品系自己制种）。灭菌培养料生产商将培养料卖给几个菇菌生产者，如果使用退化品系，所有这些菇菌生产者都会深受其害。自己制种意味着必须在适宜的条件下保存母种，或从可靠的研究所购买母种（摘自荷兰皮特·欧《国外菇菌栽培技术》）。

第六章　农业式顺季节栽培

一、栽培季节选择

双孢蘑菇属于低温型菇类，在我国双孢蘑菇的人工设施栽培模式主要借助自然气候条件，利用夏末较高的温度开始堆肥，秋季温和的气温进行发菌，秋末的低温正好适合于双孢蘑菇出菇，这种传统的农业式顺季节栽培一直延续到第二年的春季。生长周期长达 10 个月。双孢蘑菇的栽培季节大多安排在秋季，但在不同地区，气候变化差异很大，在播种上要注意地区温度变化和差异，以长江为界划分南北方，越往北，则播种时期应越早；越往南，播种期应越推迟。

二、播种及菌丝培养管理

(一)播种期的选择

以双孢蘑菇菌丝生长所需的温度(最适温度 24℃左右)，子实体形成并最终生长迅速的温度(16℃左右)为依据。在正常情况下，菌种从播种到采收大约需要 40 d。在不同地区，不同气候条件下栽培，要依据本地区的气候特点，选择合适的播种时间。如北京地区的播种适期，近年来经过不断摸索，确定在8月下旬左右，在9月底到10月初采收第一潮菇。在河北、山东、河南等省播种日期选择在8月份，而福建则在10～11月份。播种过早，菌丝定植时期和出菇期会遇到高温而导致定植困难和死菇的发生，播种过迟，出菇期温度较低也严重影响产量。

（二）播种前的准备工作

菇房二次发酵后，培养料已经充分腐熟，当料温下降至28℃左右时，可准备播种。如果在生产上选择不进行二次发酵过程，则在培养料进入出菇房时，应当进行一系列的消毒工作，以防止病虫害的发生，还要注意料温的稳定性，因为没有进行二次发酵的培养料，往往在翻架后还会进行发酵，这时料温会升高而迟迟不下降。如果播种，则菌丝往往不萌发或者死亡，称之为“烧菌”。目前，人工栽培绝大多数都采用二次发酵。

播种前需要对料面进行一次翻架工作，将培养料均匀的铺放在各层床架上。边翻料边将粪草混匀，边铺料边平整，做到厚薄一致，松紧一致。厚度一般在17～25 cm，培养料在床架上铺设的厚度，直接影响到双孢蘑菇的产量和质量。

翻架后播种前还要全面的检查料内的含水量是否适宜。如果培养料过干，要适当喷水并再翻料一次，使水分均匀一致。如果料过黏，则应彻底再翻料一次，边翻边抖松，同时进行菇房大通风以便散发料内的多余水分，然后再将料铺平。

(三)栽培种的要求

各地或各种植户应选用适合本设施条件下的高产栽培菌种,在选用菌种之前,应首先了解该菌种的栽培性状,包括菌丝生长类型,对营养、温度、湿度的要求,出菇迟早,转潮快慢,菇形大小,抗病能力等。

如果当地气候潮湿闷热,出菇房保温保湿性能好,生产季节短,最好选用分解吸收营养快,喜温耐湿、出菇早、转潮快,抗病能力强的基内菌丝类型的菌种。反之,应当选用能够稳定而持续分解吸收培养料内养分,耐干燥、偏低温、出菇潮次平稳而且能持续产菇的气生菌丝类型的菌种。

播种时选用的菌种,则应该是无病虫、无杂菌、培养料转色好,菌种瓶内上下菌丝不萎缩、不退化、不结菌皮,不吐黄水,绒毛菌丝多,线状菌丝少,菌丝粗壮,生活力旺盛。目前多选用 W192、2796 等。

(四)播种方法

目前生产上大多采用混合接种法,这是主要因为现在的栽培种,大多使用麦粒种,混合后萌发点多,菌丝容易长到培养基中,繁殖速度快,另外麦粒种生产简便,能统一操作,管理上也较为有优势。但是,麦粒种的双孢蘑菇菌丝只存在于麦粒的周围,菌体量比较少,平均每克干麦粒中,干菌丝体量为 1.0～2.6 mg。即菌种全体的 1%～2.5%是蘑菇菌丝,剩下的大部分是麦粒,菌种只不过薄薄地覆盖在麦粒表面,麦粒种用种量较大。

播种后找平料面，表面撒一层菌种，覆盖薄膜保湿，操作不便时也可以不盖膜，但后期注意料面干燥时补水。

(五)发菌

顺季节栽培发菌期正好处于9～10月份，外界气温比较有利于菇房的温度管理，接种后控温在22～25℃，前2～3天不通风或少通风，若温度高或阴雨天气，可在播种后第2～3天选择早晚开窗通气10～15 min，促进菌种萌发生长。如果气温升到28℃以上，则必须通风降温。若菇房保湿差，要喷水或地面洒水保持菇房湿度。第7天菌丝基本封面时，逐渐加大通风，即使料面干燥也无妨，以促进菌丝向料内生长蔓延。适度吹干料面，不但促使菌丝向料内生长，还能防止料面滋生杂菌。

播种后没有盖薄膜的菌床，在覆土之前要把双孢蘑菇菌丝从菌床的表面之下，较快地引生到表层来叫"吊菌丝"，一般采用调水增湿的措施来实现。菌床覆土后，对土层适度调水，以促使菌丝长入土层，也叫"吊菌丝"。当菌丝吃料2/3以上，或大部分菌丝的生长部位已接近培养料层底部时，就要进行覆土，一般在播种后15～20 d。

发菌期要对菇房和培养料内温度、湿度做到心中有数，要对双孢蘑菇菌丝的生长情况仔细检查，发现问题及时采取措施。正常情况下，播种后2～3 d双孢蘑菇菌丝就应呈萌动状态，用手电筒或照明灯照射菌床表面，若接种块已长出白色绒毛菌丝,则说明菌种已恢复生长。播种后大约 7 d,再检查菌丝是否长入培养料,检查时轻轻拨开种块周围培养料,若菌丝已伸入料中,则表示菌种已经定植生长,俗称“吃料”。播种 3 d 后,若不见种块萌发,或种块萌发后 1 周,菌丝仍不吃料,就应及时处理。如果只是个别不萌发、不吃料,可视具体情况进行补种;若是整个料床的菌种不萌发、不吃料,就必须查明原因,然后再采取相应措施。不要盲目补种,以免一误再误造成更大损失。

三、覆土

顺季节栽培普遍采用田园土,也有用砻糠土(细土 2 700 kg,砻糠 125 kg 混合均匀,调水适度),覆土的调制和消毒见第四章。

双孢蘑菇的重要特性是不覆土不出菇,在发满菌丝的料面覆土是双孢蘑菇栽培中一项极重要的技术措施。覆土改变菌床的生态环境,促进双孢蘑菇菌丝逐渐由营养生长转为生殖生长,诱导原基形成,覆土还能保持适度的水分、固定子实体、防止培养料温湿度的急剧变化等。

我国农业式双孢蘑菇栽培上所用的覆土,根据土粒大小分粗土和细土两种。粗土要求直径 2～3 cm,细土直径在 0.5～1 cm 为宜。粗、细土粒要分开存放。土粒用量是每 20 m^2 栽培面积用 1 m^3。覆土材料要求疏松柔软,持水力强,一般以壤土为好。粗土用沙壤土,毛细管多、吸水保水性能好，便于菌丝长入粗土内；细土应取黏壤土，喷水后不易板结，水容易流入粗土。覆土时，先将料面整平，并稍加压实，先覆粗土，将粗土紧密排列于料面，隔 5 d 后再覆细土或将粗、细土一次覆盖在料面上，覆土总厚度为 3～4 cm。

覆土调水：为了便于人工上土的操作，覆土材料配制时通常含水量在最大持水量的 30%～40%，覆到床面上后第 2 天开始喷水，每天 1～2 次，每次用水量 0.5 kg/m^2 左右，使覆土的含水量达到最大持水量的 60%～70%，一般喷水 1.5～2 kg/m^2，在 2 d 内分 3～4 次补足。以后视情况喷水。水分调节应先干后湿，并要求慢调水，防止因急于早出菇而调水太快。覆土后温度高或 CO_2 浓度高容易造成菌丝徒长，要同时注意温度和通风的管理。

四、出菇期管理及采收

菌床覆土后形成原基到双孢蘑菇成熟的过程大致为：土中许多菌丝集合成较粗的菌索；土表旺盛生长的气生菌丝倒伏，纽结出菌丝团；菌丝团发育膨大成原基；从原基长到豆粒大小的幼菇，需 4～5 d，豆粒大的幼菇发育成不开伞的商品菇需要 4～5 d；如菇体不采收，就会继续长大开伞，露出粉红色的菌褶，弹射孢子之后，菇体逐渐衰败而结束一生。

出菇期间的管理工作主要围绕水分管理、温度和通风这三个环节来进行。三者间的协调与否与出菇产量以及菇房病虫害的发生情况有很大关系。

(一)出菇期用水技术

水分管理合理与否,直接影响到菌床发菌的好坏、出菇的早晚、产量的高低、菇质的优劣。

1.喷"结菇水"

菌床覆土调水以后,当双孢蘑菇菌丝在土层内已充分繁殖并长到土层表面时,需及时喷一次重水,以迅速增加土层的湿度,促使绒毛状菌丝倒伏变粗而形成菌索,进而扭结出菇,因而第1潮菇形成之前喷的"结菇水"又称为"菌丝低头水";第2～3潮菇形成之前喷的"结菇水",又称为"转潮水"或"返潮水"。

"结菇水"是菌床由发菌期转为产菇期管理的关键性用水。喷"结菇水"须同时进行大通风,利用大量的水分和通风降温,诱导菌丝由营养生长转为生殖生长,促使菌床出菇。喷"结菇水"后需通风1～2 d,待土层表面水分适度散发,再逐渐减少通风。若温度适宜,菇房昼夜都要通风;若温度偏高,白天关门窗,夜间大通风。

2.喷"出菇水"

菌床喷"结菇水"后,当原基普遍形成,并且大部分发育成黄豆般大小的菌蕾时,需及时喷一次重水,进一步补充土层湿度,满足迅速生长的菌蕾对水分的需求,使子实体正常生长,以达到高产优质。出菇水用量可视土层湿度和菌床上出菇多少等因素而定,一般每次喷水0.8～1 kg/m^2,要根据土表层湿度情况分次喷入，当菇直径 2～3 cm 时停止喷水直到采收。

3. 土层维持水

土层喷水的关键是要抓好结菇水和出菇水，其次要调节好土层维持水。土层喷水技术的实践性很强，要结合菇房的保湿性、菌株的耐水性、菌丝的生长势、菌床的出菇量、土层的持水力和天气的多变性等因素综合判断后，才能正确掌握喷水量和喷水技术。根据双孢菇生育的特点，水分管理还要把好以下环节：一是菇房温度达 20℃以上时，要考虑暂停喷水。即使需要喷水，也应在夜间和清晨进行；菇房温度在 16～20℃时，喷水应安排在上午 9 时以前或下午 3 时以后；菇房温度在 10～16℃时，喷水应选择在下午；菇房温度在 10℃以下时，应在中午前后喷水。二是土层喷水要讲究方法，要有节奏，要干湿交替，既要看菇喷水，又要停水养菌，菌床不可长时间处于高湿状态，总用水量要控制前期多后期少。三是应选择床面无菇和转潮期间，喷洒石灰澄清液和肥水，以补足菌床养分，提高菌床 pH。

4. 菇房湿度

调好菇房的空气相对湿度，既可减少菌床水分的过量蒸发，又可满足菇体发育时自潮湿的空气中吸收一定量的水分，从而有助于菇体内外层细胞的同步生长，这是提高产量和质量的重要管理环节。在生长阶段，如果空气湿度过低，会加快菌床水分的散失，造成子实体生长变慢，单菇重减轻，菇体色泽发暗且无光泽；如果空气湿度过高（长时间处于95%以上），菌床会处于闷湿状态，不仅会影响菌丝的生命力，还会导致红根菇和锈斑菇的发生，并容易诱发病虫危害。菇房空气湿度的高低，主要是通过喷洒空气维持水和通风换气来调整。具体做法是，出菇前期每天都要向菇房空间喷空气维持水2～3次，必要时菇房走道上、墙壁上也要适量洒水，空气相对湿度要控制在90%左右。菌床无菇时，空气相对湿度宜控制在85%左右，空气维持水一般不喷或少喷，以利于菌床养菌和菇体转潮。

（二）温度管理

在季节性生产中，秋季是双孢蘑菇收获的旺季，一般秋季产双孢菇占双孢蘑菇总产量的70%左右，因此秋季管理备受栽培者重视。

秋季自然温度呈逐渐下降趋势，总体上对菇体的生长发育非常有利。但是，短期气温回升的变化经常发生，再加上双孢蘑菇呼吸代谢不断产生的热量，都会使菇房温度处于非稳定状态。因此，生产前期抓好高温回升时的降温措施，生产后期加强寒潮来临时的保温增温措施，是秋季菇房温度管理的关键。

（三）通风管理

菇棚通风的目的，一是利用菇房内外的温差和湿差变化，控制好菇体生育时所需要的温度、湿度。二是不断引进新鲜空气，满足菇体发育和菌丝生长对氧气的需求，同时排出其呼吸代谢产生的二氧化碳，以及堆肥分解后出现的硫化氢、氨气等有害气体。

根据秋季的天气变化和双孢蘑菇的生育特点，通风管理应掌握好两个原则：一是秋季前期气温高，菇体生长速度快，新陈代谢旺盛，菇棚内二氧化碳多，通风管理以不提高菇棚温度和尽量不降低菇棚空气湿度为原则，重点解决菇棚换气；二是秋季后期气温降低，出菇减少，菇棚内的二氧化碳和呼吸热相应降低，通风管理应注意提高室温。具体管理方法是：前期，应选择能起对流作用的通风窗，保持经常性半开启状态，以利于菇棚始终处于缓缓换气之中，然后再根据菌床出菇情况和天气变化，适时增减通风口的数量，并采用改变通风口大小的方法，来调节菇棚通风量。当菇棚温度在 20℃以上时，背风口应日夜常开，通风应多放在夜间和雨天进行；当菇棚温度在 16～20℃时，背风口应日夜常开，夜间无风时应把所有风口打开，棚内外温度相同时，只要风力小于 3 级，除中午前后稍将迎风口关闭 3～4 h 外，都要常开对流风口。后期，当气温降至 10～14℃时，通风应放在中午前后，白天只要风力不大，通风时间可适当长一些，尽量引进棚外的热空气，以提高菇棚温度。此时，要多开朝南通风口，防止昼夜温差过大。

(四)“转潮”的管理

每潮菇成熟并采收后，至下一潮菇再次发生的相隔时间，叫作“转潮”。优良菌种转潮快，能缩短栽培周期，减轻病虫危害，降低生产成本，提高栽培收益。影响转潮速度的主要因素是温度，其次是菌床菌丝生长状况。在产菇温度范围内，温度偏高，转潮快，温度偏低，则转潮慢。在产菇前期（1～3 潮菇），当菇房温度在 14～16℃的情况下，经常是一批菇尚未采完，下一批小菇蕾已经开始扭结，转潮时间为 5～7 d。当产菇进入第 4 潮以后，或菇房温度低于 10℃时，转潮时间达 10 d 左右或更长。

“转潮”期间的菌床整理是贯穿产菇期间的一项不容忽视的管理工作。其主要作用是促进菌床出菇均衡，缩短菌床转潮周期，延长菌床产菇寿命。菌床整理一般是在当天采菇以后喷水之前进行，主要是清除床面的死菇、烂菇，个别地方挑根补土，挑根是用小刀或镊子把板结的过旺菌丝崩断，或将衰老萎缩的老菌丝挑除。采菇或挑根后，若凹穴较小较浅，可随时用少许周围的土粒填平，凹穴较大较深时，则要另用湿润的粗土或细土补平。经整理后的菌床要达到和未出菇时一样平坦。

菌床养菌管理的主要措施是土层用水，尽可能在喷出菇水时调足，长菇阶段菌床要少喷水或间歇喷水，要以喷空气维持水为主，切忌频繁调水催菇。菌床无菇阶段，床面要停止用水，并适当加大菇房通风换气，降低空气湿度，抓好菌床的整理工作，改善菌丝生长环境，以利于菌丝复壮和再生，产菇中后期，可适量追肥和补充营养液，提高菌丝新陈代谢能力和产菇潜力。

（五）采收

子实体菌盖长到3～5 cm时开始采收，要轻采轻放，减少采收对菇床和邻近小子实体的损伤。采下的双孢蘑菇要及时修整，即用锋利小刀把菇柄下部带有泥土的根部削去。刀口与菇柄垂直、平整，柄的长短应符合商品要求。在存放及运输过程中，要轻拿轻放，防止碰伤、挤压或变色。

采收后，及时整理床面，保持平整，及时喷水，即可长出第二、第三甚至第四潮菇。随着气温的降低停止采菇，进入冬季管理。

五、冬季管理

管理的主要技术指标，是要恢复和保持好料内和土层中菌丝的生活力，为出好春菇打基础。

（一）通风保温

秋季生产菇基本结束后，进入寒冷冬季，菇房除加强保温措施，使尽量不要结冰外，每天还必须给予适当的通风。一般情况下，中午可开南面窗通风1～2 h，天暖无风情况下也可开南北地窗通风1 h，气温特别低停止通风，尽量使室温保持在0℃以上。

(二)喷好发菌水

为了促进土层内断裂的菌丝重新萌发生长，需及时补充土层中水分，即喷好发菌水，发菌水应选择在低温以后，温度开始回升且稳定在6℃以上时进行，时间在2月底至3月。

六、春季管理

(一)水分管理

春季调水不可过早，以免低温损伤新发菌丝，但也不能过晚，否则出菇推迟影响产量。春菇开始调水的时间，要求气温稳定在10℃以上时进行，一般在3月初开始调节水分。春菇调水前期应在中午进行，先少后多，轻喷、勤喷，遇到寒潮低温不喷，不能太快、太急，早期避免喷重水，否则土层中的菌丝受到损伤，影响出菇，喷后及时关闭门窗保温。后期调水应放在早、晚进行。4月上旬以后，菇房内相对湿度应增加，要经常进行空间喷雾，并特别注意防止西南风吹进菇房，以免引起小菇死亡和菌丝萎缩。

(二)防低温、抗高温

早春气温极不稳定，因此，特别要注意前期防低温，后期抗高温。前期调水不可过早、过湿，否则遇到气温突然下降，会造成严重损失；前期菌丝恢复时通风放在中午气温较高时进行，以利提高菇房温度，后期出菇后通风在早晚进行，保持出菇期间温度不要超过25℃。

4月中旬后，春菇正处于旺盛期，会出现25℃以上高温，应提前做好抗高温准备，如墙面刷白，屋面盖草，高温时要采取白天少通风，夜间多通风。当室温在18℃以上时，白天不喷水，傍晚或清晨喷水，避免高温高湿造成不良后果。后期随着温度回升，加上菌丝活力下降，各种病虫害会随之而来，一定要加强温、湿度和通风的管理。

农业式顺季节栽培整个周期约10个月，一般每平方米产菇12～15 kg。

第七章　工厂化栽培

一、工厂化地址选择及平面布置

双孢蘑菇工厂化项目建设通常是一次建成使用多年，选址和平面布置非常重要，应掌握以下原则。

（1）选择交通运输方便、地势开阔的地方。运输麦秸、稻草的车辆和运送鲜菇的冷藏集装箱车辆一般都比较高大、重型，应尽量避免在道路比较窄，电线、电话线架设比较低的村庄内或车辆通过有一定难度的场地建厂。

（2）培养料生产基地远离城市和村庄。培养料堆制场地要与居民区、学校、医院、办公机关和污染企业有一定距离。鸡粪等粪肥和发酵产生的刺激性气味容易影响到附近周边的居住者，另外，培养料二次发酵之后是很洁净的基质，也要控制被周边的污染企业（主要指禽畜养殖企业）所影响。

（3）要选择水源、电能充分供给的地方。特别是水质一定要先分析化验浑浊度（含沙量）、pH、硬度、矿化度、腐蚀性等指标。以便根据水质和水资源及电价情况确定最优化的菇房空调系统。

（4）工厂平面布置要合理。应根据场地的形状、地势、主要风向等因素，布局菇房和堆料场。尽量减少培养料生产和出菇房相互污染，应选择培养料生产基地和栽培出菇房有一定距离，尽量避免出菇房和一次发酵隧道靠在一起，二次发酵隧道与出菇房之间也应有一定距离。一次发酵隧道和二次发酵隧道之间也要有隔离或者有一定的距离，最好能使一次发酵系统、二次发酵系统、菇房系统封闭独立运行。

（5）生产的工艺路线安排要合理。在满足工艺要求的情况下，尽量减少运料距离以方便装载机节油。注意雨季排水和浸料肥水回流要分开，设立独立肥水池，要让培养料浇水时多余的肥水回到肥水池内，尽量减少泡料肥水外流。

（6）目前大型工厂化生产投资大，其区域性选址显得越来越重要，要综合考虑原材料、劳动力和市场等多方面的因素。

在项目规划设计和确定工艺设施时，要充分认识以下几个方面的问题。

①菇房的总体规划应科学合理。菇房的总体规划很重要，平面布置的是否合理，对后期生产影响很大，如菇房、覆土加工间的规划、物料流程规划、菇房建设方向、菇房进风和排风口位置、原料辅料和产品的运输路线规划等。

②双孢蘑菇厂的工艺方案和工艺设施一定要匹配。菇房的空调及通风系统要与菇房的栽培面积和产量匹配、蘑菇房的栽培床架要和上料方式、上料设备匹配、配套的机械设备要和菇房的生产能力相匹配等。

③菇房设计建造的主要环节一定要重视。菇房的空间、

空间密封和保温、菇房通风系统要满足均衡通风的要求。

④要提倡因地制宜、适度规模、科学设计双孢蘑菇工厂。

总之，在建设和设计双孢蘑菇工厂时要多存一种敬畏之心，敬畏土地，敬畏项目，要提倡一种科学合理，可持续发展的设计理念，严谨、科学、理性地规划菇厂，协同环境，让菇厂成为大自然的一种点缀，成为经得起时间考验的一道风景线。这一点应该向国外学习，国外菇厂的俯瞰效果见图 7-1。

图 7-1　双孢蘑菇工厂化规划效果图（国外双孢蘑菇工厂 Fancom）

二、工厂化栽培设施和设备

工厂化栽培双孢蘑菇的工艺方案和工艺设施选择的正确与否，直接影响项目的成败。确定工艺方案和工艺设施时，要根据投资、生产规模、产品质量和产品市场定位等方面综合考虑。即要考虑工艺流程完善，各工序配套齐全，生产顺利并保证质量，还要考虑经济规模问题。努力做到以下几个配套。

①目标产能与预期销售市场的匹配。

②双孢蘑菇工厂的工艺方案和工艺设施一定要匹配。

③培养料制备能力要和栽培面积相匹配。

④配套设施设备一定要和菇房数量及栽培面积配套。

⑤菇房的空气处理系统要与菇房的栽培面积和产能匹配。

⑥菇房的栽培床架要和上料方式、上料设备匹配。

⑦附属配套设施要和菇房的生产能力相匹配。

三、工厂化栽培双孢蘑菇菇房的设计要点

菇房的环境控制主要依赖于空气处理系统，空气处理系统是一年四季保证鲜菇产量和质量的重要设施，要能够有效调节菇房内的温度、湿度、CO_2 浓度和氧气浓度，满足栽培双孢蘑菇的工艺控制要求。

（一）工厂化双孢蘑菇栽培菇房的主要特点

1. 工厂化双孢蘑菇栽培菇房与传统栽培的蘑菇（棚）房区别比较

通风方式和栽培工艺不同：传统蘑菇房用传统工艺栽培是靠自然通风，料层比较薄，一般在 10～15 cm，风量、风温都不能精确控制，一批料单产在 8～15 kg/m^2。而工厂化双孢蘑菇栽培菇房，进入菇房的室外空气都要经净化过滤，风量、风温、湿度及 CO_2 浓度都是根据栽培工艺要求严格控制，一

批料单产在 20～30 kg/m^2。

栽培周期不同：传统蘑菇房每年只能在温度适宜的季节出菇，工厂化双孢蘑菇栽培菇房可以四季出菇，每年可以栽培 4.5～8 个周期，其中三次发酵的培养料每年可以栽培 8 个周期。传统栽培追求的是每批料的产量，工厂化双孢蘑菇栽培菇房在追求每批料高产的同时还要追求一个菇房全年的产能。而当工厂化双孢蘑菇栽培菇房只有在每平方米栽培床架全年产量达至 120 kg/m^2 以上时才能获得较好的效益。

2. 工厂化双孢蘑菇栽培菇房与其他菌类空调出菇房区别比较

工厂化双孢蘑菇栽培要经常性的高温蒸汽消毒，湿度较大，对菇房的保温材料、菇床架和空调设备要求较高。工厂化双孢蘑菇栽培菇房出菇时 CO_2 浓度不能太高，需要大量通风，对空调的设计要求严格。其他菌类如木腐型食用菌要求的 CO_2 浓度高，通风量不是很大，空调容易满足。

（二）工厂化双孢蘑菇栽培菇房的平面结构设计要点

在确定工厂化双孢蘑菇栽培菇房的平面布置及结构形式时，应根据场地的形状、地势、主要风向等因素，最好选择培养料生产基地和菇房有一定距离，尽量避免两者靠在一起。菇房的平面结构一般采用整体双排结构、整体单排结构和简易单体大棚式三种结构形式，见图 7-2 和图 7-3。

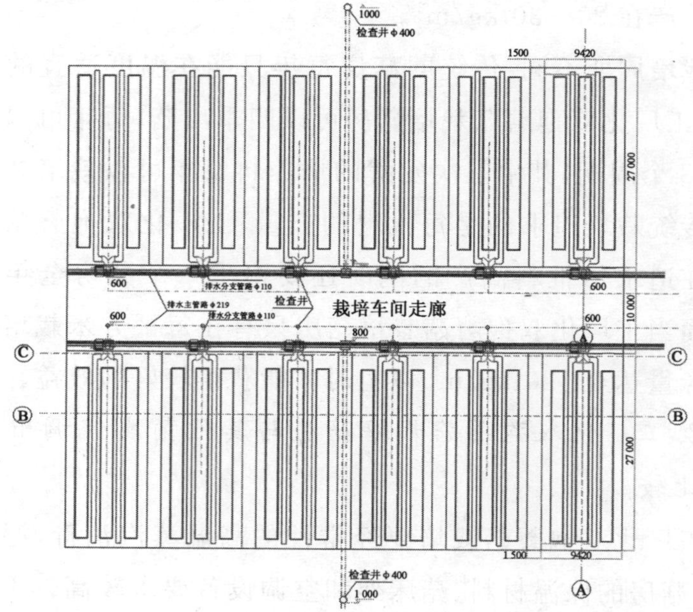

图 7-2　整体双排菇房平面图

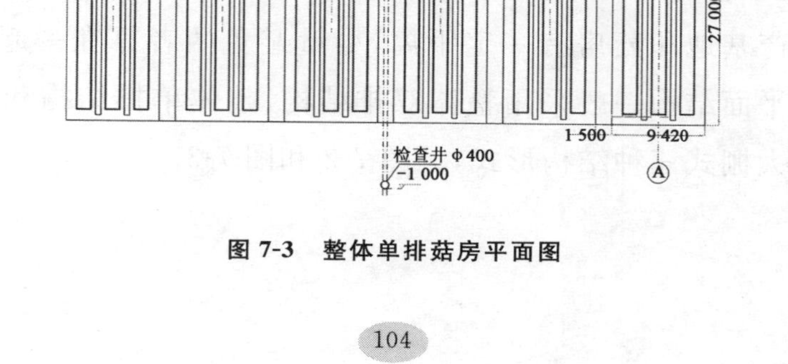

图 7-3　整体单排菇房平面图

1. 整体双排结构的工厂化双孢蘑菇栽培菇房

它是采用整体式建筑。一栋菇房内建 10～24 间空调蘑菇房，分两排布置。中间是公共走廊通道，菇房空气处理系统可以安装在走廊内，走廊宽度至少 6 m，每间菇房占地在 130～260 m^2，栽培面积为 260～600 m^2，菇房进、出料门装在两侧外墙上。采菇门装在走廊侧的内墙上。主要特点是：一是走廊通道内的温度波动较小，可减少开关采菇房门时对菇房内温度的影响。避免采摘的鲜菇直接与室外高温接触，有利于鲜菇保鲜。二是两排菇房共用一个走廊，可节省部分建筑费用。三是蘑菇房的设备都集中在公共走廊内，便于管理。整体双排菇房的平面布置见图 7-2。

2. 整体单排结构的工厂化双孢蘑菇栽培菇房

它也是采用整体式建筑，一栋建筑内建 6～12 间菇房，单排布置，一侧为走廊通道，菇房专用空调装置可以安装在走廊内，走廊宽度一般在 3～4 m 或者 6～7 m，每间空调蘑菇房的占地面积和栽培面积与双排空调蘑菇房相同，蘑菇房的上卸料门装在没有走廊一侧的外墙上。采菇门装在走廊侧的内墙上。主要特点是：一是与双排菇房一样，走廊通道内的温度变得动较小，可减少开关采菇门时对菇房内温度的影响，避免采摘的鲜菇直接与室外高温接触，有利于鲜菇保鲜；二是单排菇房走廊的一侧墙体直接与室外接触，便于引进新风和走廊采光；三是菇房的设备也都集中在走廊内，便于管理。整体单排结构的工厂化双孢蘑菇栽培菇房可选择图 7-3 形式。

3. 简易单体大棚式工厂化双孢蘑菇栽培菇房

它是采用单体式建筑，一间菇房为单独一栋（也可在有采菇门一端安装一个公共通道）。每间菇房占地面积因地而异，栽培面积一般不小于 200 m^2，菇房的墙体结构要尽量密封，保温。基本要达到保鲜库的保温、密封要求。主要特点是：一是便于项目审批，结构简单，造价低；二是在设有公共采菇通道时，日常管理菇房方便；三是夏季栽培时菇房与外界的缓冲区太小，这种菇房也称为“爱尔兰”式菇房，如图 7-4 所示。

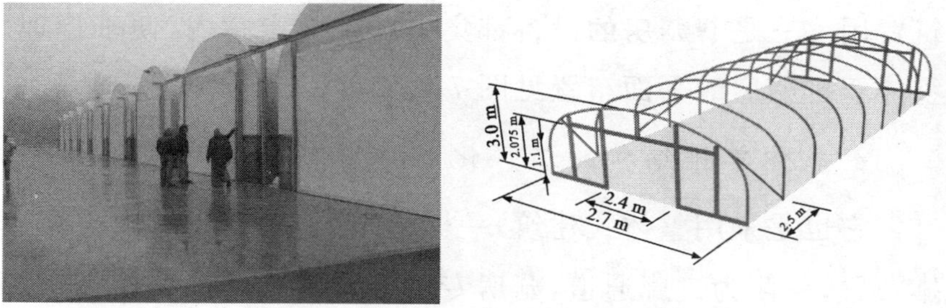

图 7-4　简易半自动化大棚菇房效果图和设计图

（三）工厂化双孢蘑菇栽培菇房进、出料门设计要点

工厂化双孢蘑菇栽培菇房进、出料门的设计是其设计的重要部分。直接影响菇房的保温质量和生产效率及成本。进、出料门的位置、形状和大小是由进、出料的方式来决定的。一般有三种情况：①正对出菇床架。这个位置只适合拉布（拉网）式机械化上料方式，门的大小与栽培床架匹配，门的宽度

一般在 1 200～1 800 mm，高度一般是高于最上层菇床面 300 mm，门的安装形式可采用悬挂移动式、铰链侧开式或滑道平移式。②正对两排菇床架中间。这个位置适合用传送带上料或人工上料方式，门的尺寸及安装形式与①相似。③对应两排菇床架及中间通道安装一个大门。这种门即可机械化上料，亦可传送带或人工上料，门的宽度一般在 4 200～4 800 mm，高度一般是高于最上层菇床面 300 mm，门的安装形式一般都是采用悬挂移动式（图 7-5）。走廊通道内侧门主要用于运送蘑菇、浇水管理等作业，注意要和采菇作业车宽度、大托盘尺寸以及水车大小相配套，还要注意密封性。图 7-6 是一个滑道式内侧门。

图 7-5 悬挂移动式大门外侧门效果图

图 7-6 走廊通道滑道式内侧门效果图

（四）工厂化双孢蘑菇栽培菇房栽培床架设计要点

工厂化双孢蘑菇栽培菇房内大多都是采用层架式栽培，栽培床架一般是采用热镀锌型或铝合金型钢材。床架装配方式分为焊接式和组装式，前者使用过程中，焊点易腐蚀，使用年限短，后者不易腐蚀，但成本会高出许多。每间菇房内安装两排或四排栽培床架，栽培床架每层间距 600 mm，一般以5层为佳，最多6层。每层床面的宽度一般在1 300～1 500 mm。栽培床架要有一定承重能力，每平方米栽培面积的培养料重量一般在 80～150 kg。栽培床架的侧面要便于采菇和管理，两侧安装边板充当覆土、搔菌机滑道。图 7-7 和图 7-8 是整体双排结构菇房和两排床架的安装形式。

图 7-7　采菇平台和床架效果图

图 7-8　床架二层楼结构效果图

(五)工厂化双孢蘑菇栽培菇房空气处理系统的设计要点

菇房空气处理系统，是一年四季内保证菇房鲜菇产量和质量的重要设施，关系到菇房是否能实现四季出菇，稳产高产。菇房空气处理系统包括温度调节、湿度调节、CO_2 浓度调节及净化控制系统。温度调节、湿度调节、CO_2 浓度调节三因素是既相互独立又相互联系制约。菇房空气处理系统要在保证净化控制的前提下，能够有效调节菇房内的温度、湿度、CO_2 浓度，满足栽培双孢蘑菇的工艺控制要求。

设计菇房空气处理系统时，主要是根据菇房的大小、保温情况和栽培面积来确定该系统的制冷量、制热量和风量风压。其中栽培面积和单位产量是确定菇房空气处理系统负荷的重要参数。一般要求菇房的温度应在 12～28℃范围内可调，相对湿度在 70%～98%范围内可调，CO_2 浓度在 600～12 000 mg/m^3 范围内可调。净化控制系统包括净化过滤系统和正压控制系统。空气只能通过装有过滤器的进风口进入蘑菇房内，过滤器的净化等级要保证蘑菇的孢子粉不能通过进风口进入菇房内，一般采用中效过滤即可。在整个栽培过程中，菇房内应始终保持正压。菇房空气处理系统选型时，在考虑菇房结构尺寸、栽培面积、净化要求等因素的同时还要考虑地区环境的温度、湿度及海拔高度以及蘑菇的市场定位等因素，如果是以鲜品销售为主，对菇房空气处理系统的除湿能力要求高一些，应注意制热系统的预留与及时切换问题。如果是以罐头、速冻等加工做原料，除湿能力相对要求低一些，但为保证高效生产，尤其是夏季高湿季节生产，生产上建议对除湿能力予以重视。

对于整体结构有公共走廊的标准菇房，菇房较多时可选用单体水源冷(热)空调机组,集中设置冷却塔以及循环水系统,在北方地区也可考虑集中制冷(制热)分散控制的中央空调装置,但耗能相对较大。对于菇房较少或分散建设的菇房,应考虑单体空调装置。菇房专用空调装置应保证菇房内各部位的混合风均匀且风的流速一致。图 7-9 是中央空调和单体空调的装置图。

图 7-9　集中制冷中央空调机组和水源热泵单体空调机组

(六)工厂化双孢蘑菇栽培菇房水系统设计要点

菇房内的水系统包括菇床面喷水用的净水系统、清洗用水系统、空调用水系统及排水系统。栽培床架喷水用的水源要达到饮用水标准,每间菇房至少有一个接口。清洗用水系统主要用于菇房地面、走廊地面清洗、工具、周转箱等清洗。走廊内要有清洗槽和洗手池,每间菇房内要有一个接口。

空调用水应按空调装置的要求安装。排水系统主要是菇房清洗排水和空调冷凝水排水。菇房的排水系统要保证菇房之间不串气，室外污水及空气不能倒灌进入菇房。在设计时，除考虑以上设计要点，还要考虑栽培的具体品种，原材料、环保、节能等因素。总之，工厂化栽培双孢蘑菇是一个系统工程，要根据具体项目、具体环境、具体工艺来具体分析、具体对待。一个规模、品种相同的项目，在南北方不同的地点建造，设计要求也是不同的，不可照搬一个模式，那样会造成不必要的损失。图 7-10 为菇房内的循环水系统与室外的循环水池。

图 7-10　空调下方两侧的冷却水冷凝水循环管和菇房外的循环水池

(七)工厂化双孢蘑菇栽培菇房的上料方式及设备

目前双孢蘑菇工厂化栽培引进模式和国产化模式的最大区别在于上料方式及设备，如图 7-11 和图 7-12 所示，引进模式全部机械化上料，要求菇床架与上料系统完全匹配，投资较大；国产化多数采用简易设备上料，菇床架以满足出菇要求为主，充分依靠人力资源。

图 7-11　国外上料机和国外下料机

图 7-12　国内传送带上料设备和人工上料

经过几年的实践总结，国内也在逐渐完善了国产菇床架的结构，逐步实现人力资源与简单设备的有机结合。目前国内应注意的问题有：①菇房建设和菇床架加工时，应考虑为将来进一步改进上料方式预留空间，应按标准化设计，注意设计细节，先简化安装，逐步完善。如菇床架的框架部分采用标准结构的热镀锌钢材，在符合力学原理及载荷的前提下，将床面、侧板的安装孔全部加工好，先用廉价材料替代。技术熟练、生产销售顺利后可分步添加，逐步实施机械上料，提高效率。②对于目前的上料方式不要盲目追新，选择上料方式要综合考虑长期运营成本。如目前很多人推崇的打包上料方式，从工艺、生产、卫生安全方面考虑都是比较理想的，但长期运营成本很高，每平方米栽培面积大约增加成本6元，再考虑打包设备的折旧费用，则成本更高。

新建项目投产前后，一定要健全各项工艺规程、安全生产管理制度，健全各项生产操作原始记录，员工一定要经过认真培训。这些都是保证项目顺利投产，快速达到设计产能的重要措施。

四、工厂化栽培技术

(一)播种与菌丝培养

播种就是将麦粒种与堆肥混合的过程，主要注意均匀性，即菌种均匀的播撒在堆肥中，这样菌丝就可以在最短的时间长满堆肥，而抑制其他杂菌的繁殖。

在工厂化生产模式下，播种都是通过机械来完成的。播种量掌握在5～7 L/t堆肥，研究表明，播种量在2.5 L/t时，产量是163 kg/t；在5 L/t时，产量是179 kg/t；当播种量为7.5 L/t时，产量为180 kg/t；10 L/t时，产量为179 kg/t。播种量少，则会影响产量，而当播种量超过5 L/t时，产量不会明显增加。

全自动播种过程中，考虑到堆肥前部和尾部的混料的误差等，一般生产实际当中，会给这两个部位的堆肥适当增加一些菌种，这就避免了在堆肥中出现没有菌种的部分。

国外和少数国内企业采用隧道进行发菌，也称为三次发酵，即将二次发酵好的堆肥从一个隧道转入另一隧道，转入过程播入菌种，在隧道完成发菌的过程，使用机械设备完成播种和进料。而国内许多数企业采用机械或半机械设备，把培养料运到菇房发菌。

播种前对菇房进行消毒，可以采用蒸汽消毒或者甲醛熏蒸。按每立方米 10 mL 甲醛，2 g 高锰酸钾的量熏蒸 12 h。或用气雾消毒盒按每立方米 2～4 g 熏蒸 2 h 以上。

当隧道二次发酵的培养料温度降到 25～26℃，在传送带送料过程中播入菌种，控制播种量为 0.5～0.6 kg/m^2。菌种与培养料均匀混合并均匀平铺在栽培床上，整理菌床和压实菌料，使培养料的厚度控制在 23～25 cm，整平料面后以 0.07 kg/m^2 的菌种封面，覆盖塑料膜。清理地面，喷水冲洗。播种尽量在 1 d 内完成。菌种可以选择 A15、W192 等专用菌种。

启动菇房空调内循环，使料温达到 25℃后，维持料温在 24～26℃，调节气温来保持料温。室内空气湿度控制在 80%～90%，二氧化碳浓度控制在 5 000～11 000 mg/m^2。保持地面湿润，培养 280～300 h。此期每天观察 2～3 次温度，注意气温料温变化，严格控制料温度不超过 28℃。温度计插入料内 12～13 cm 处，设置观测气温的温度计。同时注意观察菇房外控制器上各项指标的显示是否与室内一致。发菌期一般 14～17 d。菌丝长满培养料，覆盖的地膜下出现琥珀色水珠时，即可去除地膜（覆土前 2～3 d 进行），等料面水分蒸发后覆土。

播种后 1 周左右，料温会上升，这是菌丝吃料并快速繁殖的信号（图 7-13，彩图 7-13）。菌种不同料温上升的速度也不同。这时开启通风设施和空气循环设施，将料温保持在 25～27℃。气温可以适当地调低到 22℃左右。

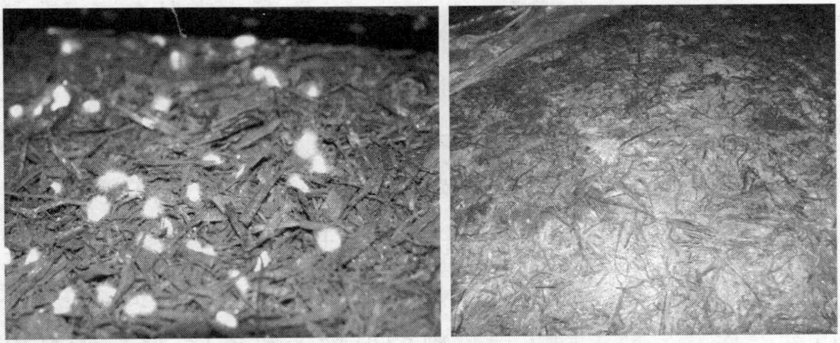

图 7-13　播种后 5 d 和菌丝长满培养料

播种完大约 14 d，菌丝会长满整个培养料。培养料内的菌丝长满意味着已经完成其营养生长阶段，当然培养的时间还要按照生产实际来决定，如果感觉菌丝长的相对较弱，可以延迟培养时间。

从生产实践案例来看，在夏天控制温度是比较困难的一件事。因夏天的外界气温高于隧道或菇房温度的时候较多，如果这时采用通自然风降温的方式，则根本没有效果，相反的，温度会升高。生产上应当密切关注，可在温度高于室温的时候，开启循环风，使室内空气循环，早晚外界温度低于室温时，通风降低菇房内气温。也可以启动制冷系统降温。

（二）覆土管理

双孢蘑菇菌丝生长到一定阶段后，不予覆土则肯定不会形成子实体（土中的某些生理因子可促进其结实），进行覆土是刺激其形成子实体形成的必需环节。原因在于：覆土能够为双孢蘑菇菌丝的生长和子实体的形成提供水分，在水分蒸发的情况下，覆土能够保持出菇房最小相对湿度，利于子实体形成并生长；覆土能够降低菌丝生长环境温度，同时改变二氧化碳和氧气的浓度，以促使子实体的形成；覆土能促使双孢蘑菇由营养生长阶段转入生殖生长阶段。生产上会出现前期菌丝生长非常健壮，而采用不合适的覆土材料进行覆土，则导致子实体难以形成或子实体形成量减少的现象。因此，覆土可以被看作是一种不同于发酵料的保护性覆盖层，紧锁大量水分，在双孢蘑菇生长需要的时候释放。

覆土前应当注意的事项：①覆土应进行处理或施药防治（见第四章）；②覆土时培养料表面要保持平整无水珠残留，便于菌丝快速上土；③覆土前还应仔细检查栽培架是否牢固，以免造成生产安全事故或覆土加重后造成床架倒塌现象的发生。

国外工厂化周年栽培双孢蘑菇时，大多采用机械覆土，覆土材料也由标准化公司生产，在荷兰，主要是用棕色草炭土和糖渣等废料混合物而制成的覆土，其持水性和活性均比较优良。国内工厂化栽培使用的是产自我国东北的草炭，质量参差不齐，通常含有较多的腐殖质，由于产地环境和运输等因素，草炭土使用前必须仔细处理，采用福尔马林熏蒸灭菌或蒸汽灭菌。覆土前 2～3 d 揭开覆膜散掉冷凝水和甲醛气味。

覆土的时机是看菌丝是否长满培养料。如果栽培过程顺利，在播种后 14 d 就可达到覆土要求。生产上，当菌丝长满培养料时，应当适当延后 1～2 d，尤其是冬季生产时，外界气温较低，延后 1～2 d，可使菌丝长得更加强壮。采用这种方式处理后，菌丝在覆土后表现比较强势，抗逆性强，而且生长速度也更快。

为了保证覆土厚度的均匀，覆土时机械的操作一定要平稳、速度均匀，主要是调解送土的速度和牵引的速度要一致。这种操作可以避免覆土厚度的不同而形成沟壑，从而影响出菇的整齐度。覆土的厚度要根据栽培料的厚度确定，在床架上铺料越厚则相应的覆土厚度同时增加，目前国内外大多采用的是 4 cm 的覆土厚度。人工覆土时较难做到厚度均匀，给后续的出菇整齐度造成一定影响，因此就需要在搔菌时反复调整，当然一定程度上增加了劳动力成本。

在覆土和开始通风降温这一阶段合适的料温应当在 25～27℃。覆土后，有些培养料活性较高，覆土后料温会出现上升的现象，一旦出现料温较快上升，就该开启空调降温，使料温降到低于 28℃。料温长期保持在 28℃以上时会造成菌丝蛋白质变性，影响后期子实体结实。当然料温在 28～30℃，而空温在 19℃以下时，是不会出现问题的，因为料的平均温度在 25℃以下，也就是说多数料温都在正确的范围内。

覆土后 3～4 d 内可以通过引进新风来调节温度，之后要关闭新风，提高二氧化碳的浓度以使菌丝快速上土。这期间要利用空调和内部循环来调节空气和料的温度。在此期间，在料温许可的情况下，能保持较高的空温和较小的空气流量是理想的。

覆土后应立即对床面草炭土浇清水。第 2 天应喷洒 2%福尔马林的水，水量控制在 1 L/m²，第 3 天喷洒 350 倍左右马拉硫磷或其他的杀虫药物，水量控制在 1 L/m²。第 4 天可喷洒能够降解农药的漂白粉，浓度控制在 1%左右。覆土（草炭土）可以给双孢蘑菇生长提供额外的水分补充，而且具有超强的保水能力，覆土后 4～5 d 要给足水分。使水分含量达到 80%左右，如果播菌时水分不够，可以在播菌前 1 d 再次补水。喷水及喷水后的状况如图 7-14 所示。

图 7-14　喷水树、喷水车和覆土喷水后的效果

(三)搔菌

搔菌的目的是改善土层结构,使菌丝生长均匀。搔菌是将覆土层面上的菌丝全部拉断或扫断,再让菌丝重新连接长在一起的过程。搔菌改善了覆土的结构,打乱了菌丝的生长节奏,能够刺激其更好的扭结形成菇蕾。另外,搔菌改善覆土空间结构的同时促进了二氧化碳含量的变化。

搔菌时间在覆土后 7～8 d,菌丝长满覆土层 2/3 时进行。当菌丝穿透草炭土厚度的 70%～80%,需要用铁耙将板结的草炭土耙松、并将直径大于 3 cm 的草炭土块打散,使覆土层重新形成团粒结构,使菌丝可以更加容易和均匀地向外生长,以利于菇蕾均匀的扭结。搔菌能促进菇的密度比较均一,从而获得大而满的第一潮菇。国外有专门的搔菌机完成作业,国内没有搔菌机设备时,均需人工操作。

如覆土材料使用河泥土和草炭土混合物时,覆土层表面土颗粒较多,可以局部调整,把菌丝多的地方用土覆盖,表面无菌丝地方的土取少量用于盖住菌丝多的地方。搔菌后把菌丝都调至表面时降温,如图 7-15 所示。

搔菌后覆土的表面一定要平整。生产实践表明,覆土过程压实,而后搔菌则能促进产量的大幅提升,搔菌后压实覆土层,产量很低。

搔菌时室温控制在 23～25℃,培养料温度控制在 26℃以下,空气湿度控制在 95%,二氧化碳浓度 8 000 mg/m^3 以上,搔菌后的菌丝在 3 d 内重新连接。

图 7-15　降温前菌丝状态和降温后 1 周菌丝扭结情况

(四)出菇管理

搔菌后菌丝需要 3～4 d 的恢复期,管理上通风则应当停止,除非料温在夏季升高到 30℃以上,不通风无法控制温度,如果有其他的降温辅助手段,使用这些辅助设施,否则不予以通风。一旦菌丝长满覆土表面,恢复到原先生长旺盛的水平,这时对空气的需求量会大大增加,则应及时通风。

搔菌后的通风是影响产量的重要因素。通风强度大,室内相对湿度低,菌丝就相对生长缓慢,从而推迟子实体的形成(主要是因为蒸腾作用的变化影响了菌丝的生长速度)。通风从另外一个角度影响了菇房内二氧化碳的浓度和室内温度,二氧化碳浓度偏低和温度的降低都导致了菌丝生长速度的放慢。当这三个因素叠加在一起后,直接影响了菌丝由营养生长阶段转向生殖生长阶段的进程。生产上种植者只要控制好这三个因素,在培养料品质和菌种质量有保证的情况下,就一定能获得较高的产量。下面就这三个因素的控制做进一步阐述。

1. 温度

子实体形成的最佳温度范围应当是在 17～19℃，为了刺激子实体的形成，即由营养生长阶段转向生殖生长阶段，应当快速降温以刺激子实体的大量形成，这一过程 3～7 d，冬季生产可能时间短些，在夏季外界温度高时，降温花费的时间需要长一些。

子实体的形成需要低温刺激，如果温度高于 19℃，子实体的形成可能会减少。因此，要注意控制温度，当子实体明显大量形成后，再加大通风量。从植物生理学可以得知，一旦转入生殖生长，则菌丝不会再徒长。这时温度可以升高到 20℃而对产量没有什么影响，在夏季生产周期中，20℃将是在剩余的栽培环节中稳定的温度数值。室温这时只是一个参考控制料温的依据，但在冬季生产时，室温不能低于 12～14℃，一旦低于这个温度，则可能造成减产。国外菇房出菇期间的料温变化如图 7-16 所示（入菇房时为三次发酵料）。

2. 相对湿度

在子实体形成阶段，需要大量通风并借助覆土层水分的蒸腾作用来促进菌丝生长和子实体营养供给，因此，菇房相对湿度的下降幅度要远大于料温和气温。从这个意义上说，较低的相对湿度能刺激形成更多的子实体，因此在料温降低至 20℃左右，通风量减小甚至不予以通风的几天里，需要保持较低的相对湿度，以利于形成子实体。实践证实当气温降低到

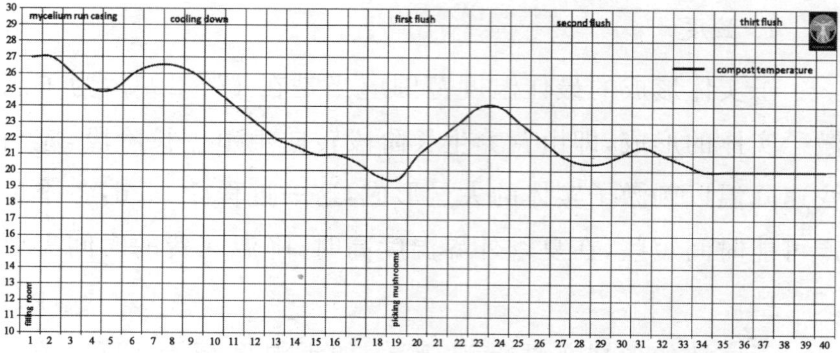

图 7-16　培养出菇过程中的料温变化(摘自蘑菇节)

17～19℃区间时,相对湿度的降低则能有效地刺激子实体的形成。相对湿度在85%时,子实体能大量形成。

在夏季和秋季,通风时室内的蒸发速率很低,然而在冬季,覆土经常很快变得较干。因此,在夏季和秋季,需要适当加大通风量,这样会提升室内气温,而湿度会降低,从而提升蒸腾速率,促进子实体生长。但料温有可能降得很低。

如果生产设施有冷水制冷设备,则可能不会升高室内温度,相对湿度因而不会降低。生产实践中,最容易犯的错误也可能就是这个错误。要在这种环境控制条件下,降低室内相对湿度,最好的方法是提高室内温度,降低通风量。但采取此方式,二氧化碳浓度和室温都偏高,不能刺激分化形成较多的原基,会造成第一潮菇的减产。原基分化和形成的相对湿度范围是87%～90%。在冬季,通风会造成相对湿度的快速下降,为解决这一问题,必须在地面喷水或适当补入蒸汽以提高湿度。

一旦原基形成并长到米粒大小时，蒸腾速率需要提升，因此要将相对湿度降低到 85%，加大通风量，才能促进其快速生长。幼菇长至黄豆粒大小时必须喷水，以后逐渐增加浇水量，并再加大通风量。

生产中第一潮菇刺激完成后，当菇蕾直径为 0.5～1.5 cm（看到米粒大小蘑菇）时，再次对栽培床面进行浇水，第 1 天 0.5 L/m^2，第 2 天 0.8 L/m^2，这期间根据实际情况尽量多补水，当蘑菇直径 2～3 cm 时浇水量最大，将草炭土水分调整在 77%～79%，之后停止浇水直至采收。此时，空气温度控制在 16～17℃，培养料温度控制在 20℃左右，空气湿度控制在 90%，二氧化碳浓度 700～1 100 mg/m^3。

3. 二氧化碳浓度与通风

影响原基形成的主要因素是二氧化碳浓度，二氧化碳的浓度直接影响原基形成的数量，进而影响到产量。二氧化碳的影响阶段主要是在覆土后进入通风阶段，而在覆土后不通风阶段，二氧化碳基本不影响菌丝的生长。二氧化碳是由培养料本身产生，二氧化碳探测仪器应放置在床架中层离覆土面 20 cm 高的地方以监测其浓度。调查数据表明，高产的出菇车间二氧化碳浓度在 700～900 mg/m^3。

菇房内的二氧化碳浓度取决于以下三个因素：①培养料的数量，培养料的量多则二氧化碳的制造能力就越强。②培养料的温度，当料温也就是堆肥的温度在 25℃时，其二氧化碳的制造能力是料温在 15℃的 3 倍。在特定二氧化碳浓度下，料温每升高 1℃，而通风量需要增加 20%。③菌丝和子实体的生长活性，实验和研究表明，二氧化碳的制造高峰是在双孢蘑菇采收的第一和第二潮，采收的数量越多，二氧化碳的浓度就越高。

在生产中，为了消除较高的二氧化碳含量，必须采取通风的方式，但不是单纯为了降低二氧化碳浓度而通风，而是取决于生产每公斤双孢蘑菇而需要的多大量的氧气，来计算出需要多大的通风量，通过计算得知，当堆肥温度在 16～18℃时，1 m^2 栽培面积需要 1 m^3 的新鲜空气，如果料温每增加 1℃，则需要通风能力增加 20%。举例说明，第一潮采收双孢蘑菇为 10 kg/m^2，料温在 18℃的情况下，1 m^2 栽培面积新鲜空气的供应量应当在 10 m^3/h。

(五)转潮及其他

转潮管理要求：清床干净，不留死菇病菇，床面要保持平整，采收后缺土的地方要补土，清床后要关闭新风，菇床浇水，略提高空温 1.5～2℃，至 17.5～18℃，保持 3 d，使菌丝能够恢复，然后再降温、浇水、通风，管理同第一潮菇管理方法。

出菇管理时间为 40 d 左右，每次转潮需要 7～10 d；采收 3～4 d，一共可采收 3～4 潮菇。期间工作重点是正确处理喷水、通风、保湿三者关系，既要多出菇，出好菇，又要保护好菌丝，促进菌丝前期旺盛，中期有劲，后期不早衰，加强通风换气，保证子实体生长所需的新鲜空气，同时避免直射光线进入室内。

为保证菇房的无菌状态，更好地进行周年利用和生产，准备下料的菇房建议以蒸汽灭菌，要求 65℃空温，灭菌 6 h；或者 60℃空温，灭菌 8～10 h。下料后将废料运至远离菇房的地方集中处理。新料进房前应将菇房四壁以及床架喷湿，然后蒸汽灭菌，方法同下料，或者甲醛与高锰酸钾混合熏蒸消毒。

五、工厂化生产注意问题

(1)消毒工作贯穿于每一个环节。包括场地、工具、机器设备、员工所穿的鞋衣裤和手套等的消毒措施。栽培室内外的通路每日要冲洗，定期消毒。消毒设施不完善和消毒意识不强会直接影响蘑菇产量，严重的会造成绝产。

(2)入气口、排气口必须安装过滤器，防止病原菌和孢子侵入室内和转到其他房间。过滤器每个栽培周期要清洗干净。

(3)为防止病原菌侵入室内，入口处放消毒液浸透的蹭鞋垫或小盘，进室内之前必须进行消毒。上料工作前，栽培室内外部都要消毒。上料工作后，掉在通道和路上的料，不能再填在栽培床架。

(4)在栽培室内外发现鼠、苍蝇、壁虱等小动物时，尽量采取措施处理。除掉栽培室周围的杂草。促进排水等，除掉病虫害发生的源头。除掉菇蝇，菇蝇无论是成虫还是幼虫都是蘑菇的害虫，其最大的危害是使原基枯死、减少产量。防治幼虫,在菇床上喷施生物杀虫剂,如BTI等,防治成虫侵入,用诱光灯捕杀。

(5)栽培管理和采收工作都要尽量减少进出菇房次数。菇床上面要保持清洁,除掉杂物和污染物,要注意病虫害防治。采收中产生的株、根、小石子等废物都要装进带盖的容器里。废料在当天搬出室外,堆放在指定的场所集中处理。

(6)病虫害污染重的栽培室要停止采收,提前灭菌,下料。采收完毕之后,以65℃以上的床温,至少灭菌6 h。

第八章 采 收

双孢蘑菇的采收是一项需要大量人工的活动，尤其是以鲜品为主要目的的菇房采收，更是占去了生产成本的相当比例。采收工作影响着菇房的转潮管理，更影响着蘑菇的质量。

蘑菇的"质量"就是一种产品满足消费者对这种产品期望的程度。从菇房评价双孢蘑菇的质量标准有下面几个：颜色、大小、发育阶段、形状和污斑。消费者往往根据上面列出的看得见的标准购买，但他们是否愿意经常购买这一产品也受其他同等重要因素的影响，如风味、气味、稳定性、保质期、容易烹饪、营养价值和保健功能。蘑菇生产者的目标就是满足这些要求，要想法将消费者的意愿转变为能用来衡量其产品质量的标准。而采收作业是达到标准的重要环节之一。

国际知名人士提出了促进蘑菇企业发展的建议：一是最大限度地生产高价格高品质的蘑菇；二是对蘑菇初级产品进行精准分级；三是建立详细的分级标准；四是更加关注不同等级蘑菇的质量；五是盛放蘑菇的容器和包装材料要具有吸引力，并且要能满足客户运输处理和展览等多方面的要求。

一、分级

双孢蘑菇分级因国情、地域、用途、市场需求等不同有较大差异，对于鲜菇，国内农业部颁布的双孢蘑菇鲜品质量指标（NY/T 224—2006）如表 8-1 所示，根据质量指标，鲜菇分成了 A、B、C、D、E、F 6 个级别。此外还有罐头、盐水和脱水等指标。

表 8-1　双孢蘑菇鲜菇质量指标（NY/T 224—2006）

级别＼项目	菇体形态	色泽	菌盖直径/cm	菌盖直径合格率/%	菌柄长度/cm	含水量/%	病斑、虫菇、破碎、单柄、脱柄、变色、薄皮、开伞、畸形、杂质、黑褶
A	鲜嫩、圆整、饱满、有弹性、柄基平整	洁白	1.5～2.0	≥95（出口产品按双方具体合约规定）	≤0.5	90±1	无
B	鲜嫩、圆整、饱满、有弹性、柄基平整	洁白	2.1～2.5		≤0.5		无
C	鲜嫩、圆整、饱满、有弹性、柄基平整	洁白	2.6～3.0		≤1.0		无
D	鲜嫩、圆整、饱满、有弹性、柄基平整	洁白	3.1～3.5		≤1.5		无
E	鲜嫩、圆整、饱满、有弹性、柄基平整	洁白	3.6～4.0		≤1.5		无
F（等外级）	新鲜、形状大小不整齐、柄基平整	白色	4.0 以上		不限	90±1	允许有少量单柄、硬开伞及脱柄、畸形菇

国外在菇房车间把蘑菇分三个等级。

Ⅰ级：小纽扣阶段的双孢蘑菇。

Ⅱ级：有菌幕的双孢蘑菇。

Ⅲ级：开伞、成熟的双孢蘑菇。

Ⅰ级和Ⅱ级双孢蘑菇可以鲜销，Ⅲ级菇通常做成罐头。Ⅰ级菇和Ⅱ级菇的价格取决于菇体大小，最小的Ⅰ级菇最贵，因为要花很多时间采收，大个双孢蘑菇采收成本最低（图8-1）。

图 8-1　蘑菇采收时的包装和分级

我国一般销售未开伞的双孢蘑菇，在有些国家，开伞后的双孢蘑菇在鲜销市场按平价销售。开伞后双孢蘑菇的缺点是会弹射大量巧克力色的孢子，用它做成的菜看起来也是黑色的。除了等级和大小外，决定价格的另一个因素是包装方法，用小消费袋包装的Ⅰ级菇比松散包装的同一质量的菇更贵。

采收后的整菇要求：菇体完整，柔嫩 略有弹性，直径 2～4 cm，菇柄长不超过 1.5 cm；切片菇要求：菇盖直径 4 cm 以上，厚薄均匀一致，3.5～5 mm。清洁：菇菌分级分选时，切掉有斑点和污点的地方。双孢蘑菇栽培中的覆土要彻底清洗干净，清洗的水中可添加 0.1%柠檬酸或 0.3%偏硫酸氢钠，防止菇菌变成褐色。但作为鲜菇上市，目前禁止水洗菇，因为过量的偏硫酸氢钠会大大延长保存期，而对人体是有危害的。

蘑菇生产者发什么样的货，还取决于特殊顾客或中间商的质量要求，根据市场和顾客的要求，通过栽培技术管理与调控可以达到目标，这是非常重要的。蘑菇要在干燥时采收，采收前几小时喷水(或下雨)会缩短蘑菇的货架寿命。

二、采收方法

双孢蘑菇一般在现蕾后的 5～7 d，菇盖大小 3～4 cm，菌膜未破时采收。采收时用手捏住菇盖，轻轻旋转采下，勿伤害周围小菇。丛生的密菇，用小刀小心切下合格的大菇，留下小的，不可整丛拉动，否则未长大的幼菇会全部死亡。

每天根据气温高低和菇房温度情况，可采收多次。另外，还要依据市场需求进行大小分级和包装。采收与包装运输要密切结合，最好从采收到消费者厨房的过程中鲜菇一直在同一个容器内保持不被翻动或者少翻动。

三、采收系统

一般双孢蘑菇采收潮次清楚，采收时间集中，需要大量人

工在短时间内采收完毕，所以，好的采收工具和采收系统是必不可少的，常见的采收刀、采收框和采收车如图 8-2 和图 8-3 所示。对采菇系统的要求是必须合适、安全、省力，采后清洁整理菇房、工具、秤等，见图 8-4，经常保持菇房和走道整洁是防止病害的重要措施。

图 8-2　底层和高层采菇作业系统

图 8-3　采菇工具

采摘台高度、每层菇床高度与人的操作舒适度都很重要。建造采摘架时，要配备各种必要的包装材料，且使蘑菇容易放进去。

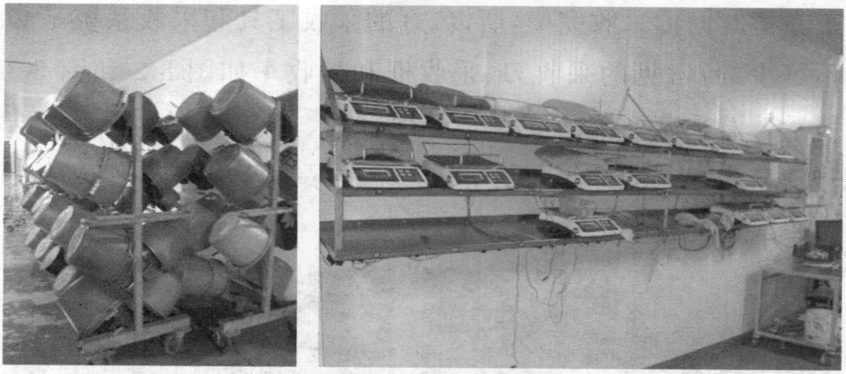

图 8-4　装蘑菇菇根的桶架和作业用秤

手工采菇时，若想不断采收到一定比例的某个质量等级的蘑菇，就要对采菇工人进行足够的培训。工人要知道各个分级的标准，最重要的是要知道采菇方法对产品质量的影响。

采菇速度也是手工采菇中同样重要的一个方面，因为采菇成本是蘑菇成本价的重要组成部分。每小时采菇速度取决于许多因素，如使用采菇设备，目的是加快采菇速度，降低采菇成本，可通过采菇者的双手、自动切根机、蘑菇集中运输和根据大小分级达到这一目的。

另外，蘑菇的栽培管理水平也影响到采菇的质量和速度，如采用的覆土材料，通常草炭土更有利于蘑菇的采摘，而泥土等会影响到菇的干净程度；人工播种操作的床面通常高低不一，菌丝在床表面分布不均匀，导致一些菇蕾在土中扭结，不利于采摘到干净的蘑菇，采摘速度也会降低。

四、采收后贮藏和运输

采收后的双孢蘑菇要立即进入2～4℃的冷库预冷，以保障能够有较长的保质期。4℃的温度下保存，蘑菇可保鲜约1周，可在包装物上覆盖塑料薄膜来达到适宜的二氧化碳浓度(3%～6%)，最好在采收后马上用加湿的循环空气快速冷却。所以，冷库紧邻菇房是在菇厂设计时的明智之举。在荷兰等国冷库通常在菇房出口处并与运输车相连，使得双孢蘑菇的冷链非常完美，保温的运输车再把蘑菇拉到加工车间或指定地点进行包装(图8-5、图8-6)。

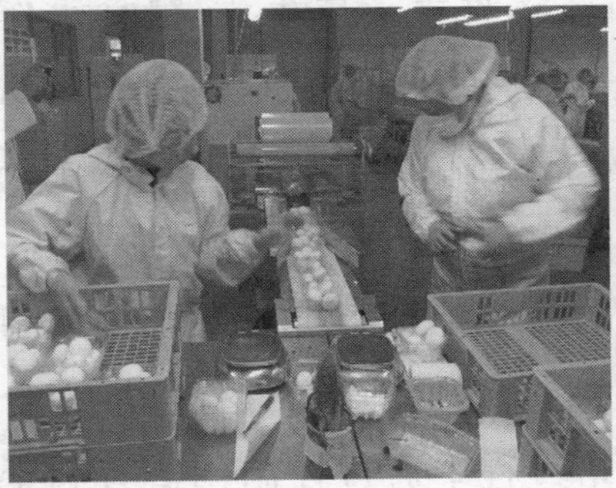

图8-5　包装车间

图8-6　运输车装货口与菇房内的冷库设计

第九章　主要病虫害防控

双孢蘑菇在栽培的各阶段，由于环境条件不适或有害生物的侵染、为害，使菌丝或子实体生长发育受到阻碍，导致生长发育缓慢、畸形、出菇少、菇体变色、坏色、腐烂、枯萎甚至死亡，从而降低双孢蘑菇的产量和品质。据调查，由于有害生物发生造成的产量损失一般在10％～30％，严重的达50％以上，甚至绝收，严重影响生产和经济收益。与蔬菜、粮食等作物相比，双孢蘑菇病虫害的防治更为困难，主要是因为病菌和害虫往往发生在培养料内，与双孢蘑菇菌丝体混合生长在一起，防治措施不当，会导致药害或出现农药残留超标的风险。

工厂化双孢蘑菇病虫害的防治应结合其生长发育特点和栽培管理、操作环节，采取预防为主、综合防治的措施，堆制合格的培养料，菇房清洁卫生，栽培过程中通过控制创造有利于双孢蘑菇生长发育的生态环境条件，促进菌丝和菇体快速健壮生长，而不利于病虫害的生长繁殖；同时菇房安装防虫网、黄板、诱虫灯等物理防控、监测措施，阻挡害虫进入菇房或监测害虫的发生情况，当病虫害发生需要进行防治时，优先选用生物防控方法和生物药剂，选用化学药剂时一定要使用高效低毒低残留的安全药剂，并严格执行安全间隔期。减少和杜

绝病虫害的发生，达到降低或控制病虫害的目的，以促进双孢蘑菇的高产、高效和优质生产。

一、主要病害及其防控

由生长环境条件不良或栽培措施不当，如温、湿度不适、通风不良、有害气体等非生物因素造成双孢蘑菇生理代谢失调而发生的病害称为非侵染性病害（也叫生理病害），主要特点是发病普遍，表现为菌丝生长不好、子实体畸形或萎缩等，此类病害不会传染，一旦环境条件适合，生长可逐渐恢复正常。

由病原生物的侵染而造成双孢蘑菇生理代谢失调而发生的病害称为侵染性病害（也叫传染性病害），主要特点是发病不均匀，先形成发病中心再逐步蔓延，表现为畸形、坏死、变色、腐烂等，此类病害有传染性，具有明显的扩张蔓延特性。病原物主要有真菌、放线菌、细菌、病毒、线虫等，根据发病时期可分为竞争性杂菌和子实体病害。

（一）竞争性杂菌及其防控

双孢蘑菇生产中常见杂菌主要是真菌，这类病菌腐生、生活力强，发展蔓延迅速，与菌丝争夺养分和生存空间，抑制菌丝正常生长，严重影响菌种生产和栽培，造成减产，甚至绝收。

1. 木霉

木霉又称绿霉，是双孢蘑菇生产中最主要竞争性杂菌，对子实体的寄生力也很强，在制种和栽培过程中都可受其侵染为害，发生轻时局部范围少出菇或出现斑点菇，重时导致整批菌种报废或整床培养料毁坏。

症状：木霉在生长初期会长出大量的白色菌丝，菌丝生长速度很快，在 2～4 d 内，随着孢子的产生，从菌落中心开始渐至边缘出现明显的绿色或暗绿色（图 9-1，彩图 9-1）。通常菌落扩展很快，特别在高温高湿条件下，几天内木霉菌落可遍布整个料面，毫无收获。

图 9-1　木霉污染双孢蘑菇培养料

病原：常见木霉有绿色木霉和康氏木霉等，属半知菌亚门木霉属真菌。木霉菌菌丝纤细，无色，分枝，有隔膜，分生孢子梗为菌丝状短侧枝，其上对生或互生分枝，一般 2～3 次分枝，顶端小梗瓶形或锥形。菌落外观呈浅绿色、黄绿色或绿色。

发病规律：木霉病菌分布很广，栽培菇房、带菌的工具和废料等场所是主要初侵染源。分生孢子通过气流、水滴、昆虫等传播扩散。高温、高湿和偏酸环境适宜病菌生长繁殖。菌丝生长温度为4～42℃,25～30℃生长最快,孢子萌发温度为10～35℃,15～30℃萌发率最高。25～27℃条件下菌落由白色转变为绿色只需4～5 d。高湿对菌丝生长和孢子萌发有利,孢子萌发要求相对湿度95%以上,但在较干燥的环境中也能生长。病菌喜微酸条件,pH为4～5生长最好。通常在接种时由于消毒不严格、棉塞潮湿、生产环境不干净等原因容易造成染病,菌丝愈合、定植或采菇期菇柄基部伤口多易受感染。

防控措施:

(1)选择通风良好、水源清洁、远离畜禽舍等污染源的场所作为栽培场地,可减少杂菌发生的几率。

(2)按照制作规程堆制合格的培养料,确保培养料的质量,不携带病菌。

(3)严格检查菌种质量,选用无病虫污染、生活力强、抗逆性强的优质菌种。适当加大菌种量,有利于菌丝尽快占领培养料表层,提高抗杂菌能力。

(4)菇房使用前及生产有关用具严格消毒,确保环境卫生,人员进入菇房也应鞋底消毒,预防传染。

(5)调节好培养料的pH,菇房加强通风换气,创造利于菌丝、蘑菇生长而不利于杂菌繁殖的环境条件。

(6)菇床发生污染时要立刻挖去污染部位的料面,避免扩散,然后进行药剂防治,可选用50%咪鲜胺锰盐可湿性粉剂2 000倍液,或25%克霉灵可湿性粉剂500倍液喷雾。有机生产中,可在去除污染的料面上及周边撒薄层石灰粉,控制病菌扩展蔓延。

2.青霉

青霉也叫蓝绿霉,制种和栽培过程中常见,也能引起子实体致病,影响产量和品质。

症状:培养料受青霉感染时,初期菌丝为白色,菌落近圆形,随着孢子的大量产生,颜色由白色逐渐变成绿色或蓝色。老龄菌落表面常交织形成一层膜状物,覆盖在培养料表面与空气隔绝,分泌毒素致使菌丝体坏死。制种过程中,青霉危害发生严重时可致使菌种腐败报废。发菌期发生较重,常导致局部料面不出菇。

病原:常见青霉有圆弧青霉、产黄青霉、绳状青霉、产紫青霉、赭色青霉、指状青霉和软毛青霉,均属半知菌亚门青霉属真菌,该菌大量生长时分生孢子呈蓝绿色。病菌营养菌丝具横隔,为埋伏型或部分埋伏型、部分气生型。气生菌丝密毡状、松絮状或部分结成菌丝索。分生孢子梗由埋伏型或气生型菌丝生出,直立,除个别种外,无足细胞,分散或聚集成孢子梗束,有横隔膜,光滑或粗糙。其顶端有一至多次分枝,呈帚状。帚状枝对称或不对称,最后一级分枝为产生分生孢子小梗。每一小梗顶端着生成串的分生孢子。分生孢子球形,椭圆形或短圆柱形。

发病规律:病菌分布广泛,多腐生或弱寄生,存在于多种有机物上,产生大量分生孢子,主要通过气流传入培养料,进行初侵染。带菌的原辅料也是生料栽培的重要初侵染来源。侵染后产生的分生孢子借气流、昆虫、人工喷水和管理操作进行再侵染。高温有利于发病，最适发病温度为28～30℃，分生孢子1～2 d即能萌发形成白色菌丝，并迅速产生分生孢子。多数青霉菌喜好酸性环境，培养料及覆土呈酸性较易发病。双孢蘑菇生长衰弱利于发病，凡幼菇生长弱或菇床上残留菇根没及时清除均有利于病菌侵染。

防控措施：同木霉菌防治。

3. 曲霉

曲霉可污染菌种和培养料，当双孢蘑菇菌丝生长良好时，可将其覆盖，对出菇影响不大，但有些曲霉能产生毒素，危害人体健康。

症状：发生初期，菌丝为白色绒毛状，扩展较慢，菌落较厚，发生后期，菌落转变为黑色或黄色颗粒状霉层，抑制双孢蘑菇菌丝生长。

病原：常见的曲霉有黄曲霉、黑曲霉、灰绿曲霉和烟曲霉，均属半知菌亚门曲霉真菌。菌丝有隔、无色、淡色或表面凝集有色物质。分生孢子单胞，卵圆形。孢子呈黄、绿、褐、黑等各种颜色，因而使菌落呈现各种色彩。

发病规律：曲霉菌分布广泛，在各种有机残体、土壤、水体等环境中均有存在，分生孢子随气流漂浮扩散。孢子萌发温度在10～40℃，最适生长温度为25～35℃。当培养料含水量在60%～70%时生长最快；培养料含水量低于60%时，生长受到抑制。孢子较耐高温，在100℃时10～12 h的灭菌或125℃下维持2.5～3 h才能彻底杀灭基质内的曲霉孢子。

防控措施：同青霉。注意培养料配制时期，发酵要均匀，检查有无发酵死角，避免发酵不完全，培养料带入粪肥中的黄曲霉病原。

4. 链孢霉

链孢霉又称串珠霉、脉孢霉，引起的病害称为粉霉病，或红面包霉病、链孢霉病，为菌种生产中最严重的病害。常在高温季节菌种生产期发生，在栽培过程中也时有发生。为害菌丝体和子实体，培养料一经污染很难彻底清除，常引起整批菌种或培养料报废，显著影响食用菌生产。

症状：发生初期，为灰白色或黄白色菌丝，呈棉絮状，很快变为橘黄色，上面覆盖一层粉红色至橘红色的分生孢子。橘红色分生孢子常呈团状通过孔隙长到棉塞或塑料袋外（图9-2，彩图9-2），稍受震动便散发大量孢子到空气中，快速传播蔓延。

病原：链孢霉属子囊菌亚门面包脉纹孢菌真菌。分生孢子卵形或近球形，多数为橘红色、橘黄色或淡红色。有性繁殖产生子囊孢子。

发病规律：链孢霉病菌广泛存在于自然界中，高温、高湿季节易发生。培养基、接种室或接种箱消毒不彻底，棉塞受潮，菌袋有破损等易遭受污染。受侵染后产生新的分生孢子进行再侵染，分生孢子可无限繁殖下去。菌丝生长温度为4～44℃，25～36℃时生长最快。在31～40℃条件下生长8 h，

图 9-2　链孢霉

菌丝就能长满整个试管斜面。孢子在 15～30℃萌发率最高，低于 10℃萌发率低。培养料含水量 40%～80%时适宜菌丝生长，含水量 53%～67%生长迅速。链孢霉对酸碱度要求不严格，培养基 pH 在 3～9 范围内都能生长，以 pH 为 5～7.5 最适。链孢霉属好气性微生物，氧气充足时分生孢子形成快，无氧或缺氧条件下菌丝不能生长，孢子亦不能形成。

防控措施：同木霉菌。针对链孢霉没有有效的防治药剂，在生产中应以预防发病为重。

5. 白色石膏霉

白色石膏霉又称帚霉，为双孢蘑菇重要竞争性杂菌。该菌产孢量大，传播迅速，常引起第二次侵染，主要在双孢蘑菇菇床上发生为害，严重时显著影响生产。

症状：白色石膏霉常在双孢蘑菇播种前后发生，先在培养料内出现白色菌丝，随后在覆土层内及面上扩展，在覆土层表面产生初为白色、略具光泽斑块状浓密菌落，大小差异大，并且多呈现为近椭圆形大菌落，不久转变成白色石膏粉末状物，以后转变成褐黄色，最后变化成桃红色粉状颗粒（图 9-3，彩图 9-3）。此时，菌落下的培养料内几乎为病菌菌丝所占领，双孢蘑菇菌丝不能生长。病菌菌丝被消灭后，双孢蘑菇菌丝仍能恢复生长。

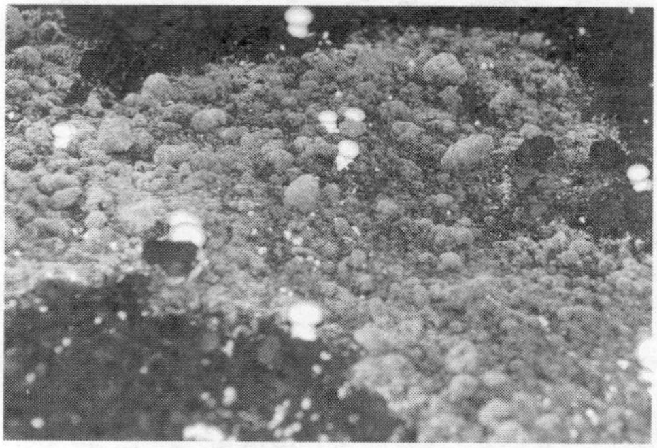

图 9-3　白色石膏霉侵染菇床

病原：白色石膏霉属半知菌亚门粪生帚霉真菌。菌丝白色，有分枝，有隔膜。分生孢子梗短，直接从基质或气生菌丝、菌索分枝生出，顶端轮轴状分枝，分枝顶端串生短链状分生孢子。分生孢子卵形至球形，略有疣状突起，基部平均，印粉红至桃红色。分生孢子脱落后在孢子梗顶端留有环痕。

发病规律：白色石膏霉主要生长在土壤中，也可生长在枯枝落叶等植物残体上。孢子随气流、培养料及覆土进入菇床，喜潮湿偏碱条件，常被认作是培养料发酵温度偏低，未腐熟和酸碱度太高的一种指示菌。通常情况下，培养料偏湿、偏碱或播种前后菇房通风不良极易发生此病。

防控措施：严格按照培养料的堆制要求，掌握好发酵温度，可适当增加过磷酸钙和石膏的用量，培养料要进行二次发酵，覆土要用甲醛熏蒸处理。在菇床上发生时，喷洒2%的甲醛溶液，也可以发病部分撒粗盐覆盖，避免传染。

6. 鬼伞

鬼伞为双孢蘑菇的常见竞争性杂菌，是一群生活条件和草菇极相似的腐生真菌，常发生在培养料堆制发酵不彻底的双孢蘑菇菇床上。影响双孢蘑菇菌丝正常生长，争夺其养分，造成减产，甚至绝收。

症状：发生时在料面上长出柄细长，初期菌盖呈弹头状至卵形的伞菌。菌盖初呈玉白、灰白至灰黄色，卵形至弹头形，表面大多有鳞片毛(图9-4)。菌柄细长，中空。老熟时菌盖展开，菌褶逐渐由白变黑，最后与菌盖自溶成墨汁状，孢子存在于墨汁之中。鬼伞腐烂时，气味难闻，常会导致霉菌的产生。

病原：常见鬼伞有墨汁鬼伞、光头鬼伞、毛头鬼伞、粪鬼伞、长根鬼伞和晶粒鬼伞等。

发病规律：鬼伞大多生于粪堆、肥土及植物残体上。稻草、棉籽壳、废棉、麦秆等培养料受潮霉变带有大量鬼伞孢子，使用类似培养料，未经堆制发酵或堆温不高、发酵不良或翻拌不匀，鬼伞孢子没完全杀死，致使栽培后鬼伞大量发生。

鬼伞自体溶解后，孢子随墨汁状液体流淌传播，进行再侵染。鬼伞大多发生在高温、高湿的夏季或潮湿基质上；其喜酸

图 9-4 鬼伞

性环境，培养料过度发酵，pH 下降呈酸性反应时，极易诱发鬼伞大量发生；在中性或碱性环境中，鬼伞菌生长不良。培养料添加麦皮、米糠及尿素过多，或添加未腐熟禽畜粪，堆制发酵产生大量氨气，将抑制蘑菇菌丝生长，且有利于诱发鬼伞发生。

防控措施：同曲霉。

7. 胡桃肉状菌

胡桃肉状菌又叫假块菌、小牛肉状菌、小孢德氏菌，为双孢蘑菇的重要竞争性杂菌，显著影响产量和质量。

症状：初期在培养料内、料面及覆土上产生白色至奶油色棉絮状浓密菌丝，随病害发展病菌产生大量分生孢子，同时形成大小不等、红褐色外观、形态疑似胡桃仁的子囊果（图 9-5，彩图 9-5）。受害部位的双孢蘑菇菌丝生长严重受抑制，最后消失，其培养料呈暗褐色湿腐，散发出刺鼻的漂白粉气味。病害严重时菇床不再形成蘑菇。

图 9-5　胡桃肉状菌及危害的菇床

病原：胡桃肉状菌属子囊菌亚门胡桃肉状菌真菌。病菌菌丝粗壮，具分枝，有隔膜，初期菌落白色。子囊果群生在覆土表面或料层中，大小不等，初期乳白色，后期红褐色、多皱褶、肉质，酷似胡桃肉仁或牛脑髓，其表皮下密生子囊。

发病规律：胡桃肉状菌多在双孢蘑菇菇床秋菇覆土前后和春菇后期发生。病菌在土壤中生活，孢子随覆土、培养料进入菇房，也可随气流，操作及工具传播。子囊孢子还可潜伏在菇房、床架和周围场地内休眠，条件适宜时萌发为害。子囊孢子生活力极强，耐高温、耐干旱、耐化学药品。93℃、82℃高温分别需经 3 h、7 h 才能把孢子杀死。菇床内有蘑菇菌丝时，刺激胡桃肉状菌孢子萌发。病菌菌丝生长最适温度为 26～28℃，菇房内高温高湿，通风不良，培养料及覆土偏酸，极易发病。

防控措施：胡桃肉状菌的生长温度与双孢蘑菇菌丝生长温度较相近，生产中一旦发生难以控制，因此该病的防控应以预防为重。

(1)选用优质、健康菌种,避免使用被污染的菌种。

(2)做好培养料。在一次发酵时将培养料做得比较干点,以手绞培养料时水不会滴下为宜,这个水分条件胡桃肉状菌不适宜生长;在二次发酵时,将温度升高到60～65℃,如果在60℃维持12 h,65℃维持6 h。

(3)生产前将菇房进行严格消毒,菇房在进培养料之前1周用甲醛(10 mL/m^3)熏蒸一次,培养料进菇房前2 d开启门窗通风散气。

(4)消毒覆土,可用5%甲醛液将覆土拌匀后,用薄膜覆盖堆闷24 h以上,然后摊开,散尽药味后方可进菇房覆土使用;或覆土前在菌床上喷施50%多菌灵可湿性粉剂800～1 000倍液,药液用量为1 kg/m^2。

(5)加强菇房管理,覆土后封窗爬土阶段床温不要超过25℃,最好在23℃左右。

(6)如果在覆土后发现有胡桃肉状菌,要切断患病区,用薄膜从床底包起,以防止孢子或者菌丝体掉了到下一床,然后菌床上下两面喷一次高浓度福尔马林,然后喷一次多菌灵溶液,以床面湿润为宜,不要太湿。在干燥状态,胡桃肉状菌生长缓慢。

多菌灵对胡桃肉状菌菌丝的生长和子实体形成有强烈抑制作用,在有胡桃肉状菌的菇房7～10 d喷1次多菌灵溶液,可以有效防止胡桃肉状菌的扩散。

(二)子实体病害及其防控

1. 双孢蘑菇细菌性褐斑病

双孢蘑菇细菌性褐斑病又叫托拉斯假单胞杆菌病、锈斑病、斑点病，为双孢蘑菇生产中的重要病害，分布广泛，发生普遍。常在秋季发生，主要为害子实体，损失严重。

症状：病害常在双孢蘑菇发育早期发生，病菌多从结水的部位开始侵染，在菌盖表面形成浅褐色病斑，以后颜色加深，呈暗褐色至深锈褐色，中央凹陷，随病害发展病斑相互汇合形成褐色坏死斑块(图 9-6)。空气干燥，病斑干枯开裂，形成不对称菌盖。菌柄染病可形成纵向病斑。菌褶通常很少发病。病斑一般发生在浅层，超过皮下 3 mm 菌肉极少变色。发病轻或条件不适时症状表现不明显，待采收后才出现病斑，特别是在变温条件下，水分凝聚在菌盖表面，极易发生病变，严重影响产品的质量。

图 9-6　细菌性褐斑病

病原：双孢蘑菇细菌性褐斑病由假单胞菌托拉斯假单孢

杆菌侵染引起。

发病规律：该病菌广泛存在于自然界，培养料、覆土、管理用水是引致发病的主要初侵染源。含蘑菇孢子的空气、昆虫、人工喷水也可传播病害。一般菇房温度15℃以上、湿度85%以上时容易发病，特别是菌盖表面较长时间保持一层水膜的条件下病菌的繁殖速度快，几小时就可完成侵染而产生病斑。菇房温差大，子实体表面结露时有利于此病发生。不同品种间存在抗性差异。

防控措施：

(1)因地制宜选用抗病品种。

(2)搞好菇房消毒和管理用水水质净化。菇房四壁及地面、床架等用8%漂白粉溶液消毒处理。栽培用普通水，可先用0.015%～0.02%漂白粉消毒。

(3)培养料充分发酵，用甲醛认真处理栽培用覆土。

(4)加强生长期温湿度管理，每次喷水后及时通风换气，保持菌盖表面干燥，防止病菌侵染繁殖。

(5)发现病菇及时清除，暂停或控制喷水，加强菇房通风，尽快使相对湿度降到85%以下。病区可喷洒漂白粉500～600倍液，或5%石灰水上清液。也可在菇床上撒一薄层石灰粉。

(6)双孢蘑菇生长期及时防治各种害虫，尤其是菇蝇、菇蚊和螨类等，减少病害传播。

2. 双孢蘑菇湿泡病

双孢蘑菇湿泡病又称疣孢霉病、湿腐病、水泡病、白腐病，是田园土做覆土生产双孢蘑菇中较常见杂菌和子实体病害，发病严重时第一潮菇一无所获，损失惨重。

症状：该病在菌丝开始扭结形成幼小菇蕾阶段最易发生，初期在菇床上生出零星白色绒毛状菌丝团，与双孢蘑菇菌丝和菇蕾交织生长形成瘤状菌团，外形如马勃状，一般较正常菇提早 3～4 d 长出，严重时无一健康正常蘑菇产出，或不形成马勃状菌团，不规则菌丝团相互连接很快遍及整个菇床，随菌龄增长逐渐变褐腐烂，表面产生鸭黄色至琥珀色液滴（图 9-7，彩图 9-7）。幼菇生长期受侵染，多在菇柄基部形成绒毛菌团，致幼菇畸形，后期病菇基部变褐，渗出黄褐至红褐色汁液，最后软化腐烂，散发恶臭气味。

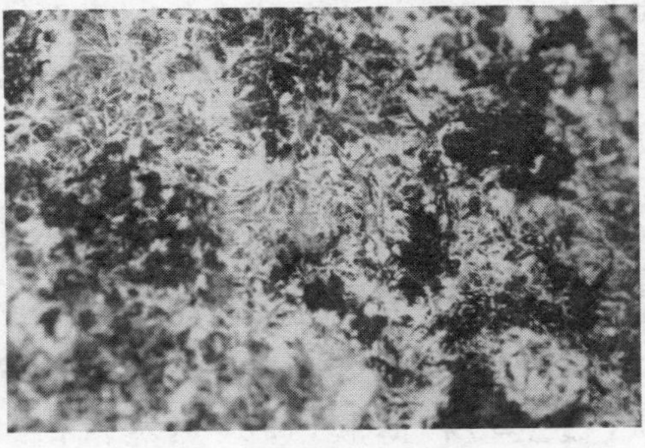

图 9-7　疣孢霉对菇床造成的为害

病原：双孢蘑菇湿泡病由半知菌亚门菌盖疣孢霉真菌侵

染引起。病菌菌丝灰白色，疏松，气生菌丝发达。分生孢子梗短，侧生，与菌丝体相似。产生两种类型孢子，即厚垣孢子和分生孢子。

发病规律：湿泡病的病菌主要来源于污染的覆土，病菌孢子亦可在菇房内表面存活，或由废料携带到菇房形成侵染。发病后病菌主要通过溅水和菇床水分移动传播蔓延，还可通过采菇环节中手工操作、工具、菇箱、工作服等传播病菌，菇蝇及其他害虫也可传带。通常覆土带菌引起第一潮菇发病，后几潮发病主要由再侵染传播引起。病菌对环境适应性较强，厚垣孢子在干燥土壤中可存活一年以上，可在水稻田、蔗田、菜地中越夏。病菌生长温度为12～32℃，菌丝生长和孢子形成最适温度为25℃。土壤和堆肥中的孢子不耐高温，55℃ 4 h，或60℃ 2 h就会死亡。

防控措施：

(1)从没有施用双孢蘑菇废料的地区取土，选用的覆土置于阳光下曝晒，杀灭病菌孢子。

(2)培养料进行二次发酵，宜保持温度50～52℃持续4～6 d，杀灭培养料中的病菌孢子。

(3)覆土被污染，用巴斯德灭菌法(60℃)处理1 h。或将覆土堆成垄状，覆上塑料薄膜，通入热蒸汽，保持土温60～65℃ 3～4 h，杀灭病菌孢子。或覆土上床前，每立方米覆土用36%甲醛1 L加水10 kg喷洒，然后用塑料膜密封1～2 d后使用。或用50%多菌灵可湿性粉剂500倍液，或45%特克多悬浮剂 800～1 000 倍液喷洒覆土。亦可在覆土后 1～5 d 喷一次，菌丝爬土至表面时再喷一次。

(4)掌握适当播种期，控制菇房温度宜在 15℃以下，使出菇期避开高温发病期。

(5)发病期加强菇房通风，及时清除病菇，停止喷水，保持床面干燥，病菇床面上可撒盐控制病害扩展蔓延，待气温降至 10℃左右后再正常喷水。病区亦可用 1%～2%甲醛溶液，或 50%多菌灵可湿性粉剂，或 45%特克多悬浮剂 800 倍液喷洒。发病严重时需去掉原有覆土，更换新土。采菇及管理人员所用工具及物品需用 4%甲醛溶液消毒灭菌。

(6)做好菇蝇、菇蚊等害虫的防治工作，减少害虫传播病菌。菇房门窗安装 40 目以上的防虫网。

(7)对病菇、烂菇及其他腐烂废弃物，及时烧毁或深埋，防止病菌扩散。

(三)重要生理病害

1. 菌丝徒长

双孢蘑菇菌丝徒长为生理病害，时有发生，严重时明显影响产量。表现为在播种后菌丝生长旺盛，持续不断往覆土表面生长，在覆土表面形成一层较厚、细密、不透水的“菌被”或“菌皮”状菌丝体(图 9-8，彩图 9-8)，而不形成子实体，或推迟出菇，明显降低蘑菇产量。

主要原因：造成菌丝徒长的主要原因是菇房温度过高，通

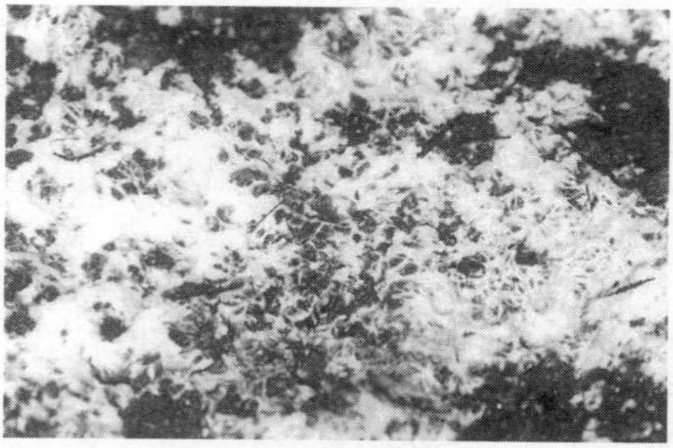

图 9-8　菌丝徒长

风不良，空气湿度和 CO_2 浓度偏高所致。其次是播种偏早，播种后温度较长时间处于 20～25℃，适宜于菌丝生长而明显高于子实体形成最适温度 13～16℃，不利于形成子实体。此外，与菌种特性有关，在扩接原种时气生菌丝挑取过多，或使用在菌种瓶中就表现有菌丝生长过旺的原种或栽培种，亦会造成菌丝徒长。

防控措施：菌种扩繁时，防止气生菌丝挑得过多；培养料不应过熟、过湿；栽培过程中要加强管理，加强菇房通风，适当降温降湿，以抑制菌丝生长，促进子实体形成；菇床覆土表面一旦出现菌被，程度轻时重新覆一层新土，并在早晚天气凉爽时喷水，适当增加通风，菌被连接成片时，采用齿耙在覆土表面来回轻轻耙破联结的菌被，增加通风量，降低空气湿度；若菌被中开始出现生长不良菇蕾，可用竹签在菌被处插几个小孔洞，增强透气性，促使菇蕾健壮生长。

2. 蘑菇死菇

蘑菇死菇为重要生理病害，各地都时有发生，明显影响蘑菇产量。蘑菇死菇表现为蘑菇在形成第一批菇蕾后，菇床上的小菇蕾萎缩、变黄、未长大就死亡。严重时小蘑菇亦成批、成片死亡(图 9-9，彩图 9-9)。

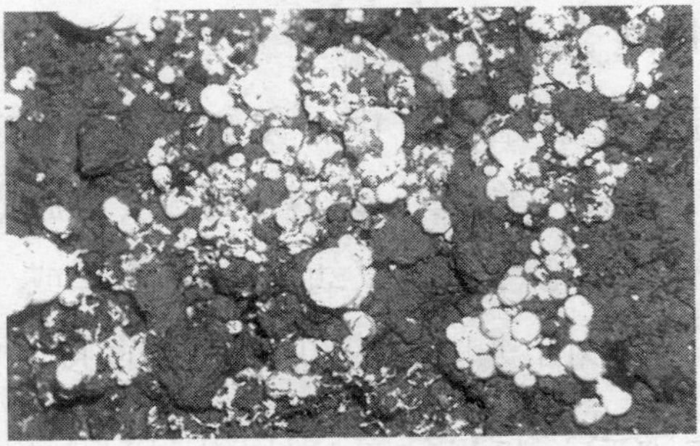

图 9-9　蘑菇死菇

主要原因：蘑菇子实体形成以 13～16℃为最适宜，如播种过早，出菇后遇 22℃以上高温，或产菇期间温度连续超过 22℃，形成的菇蕾不但不能良好生长，反而将其中的养分向菌丝体输送，形成养分倒流，造成死菇。此外，菇房通气不良，菇床上产生的热量不能很快散失，CO_2 浓度过高，子实体生长过密，营养供应不足，亦可造成部分菇蕾死亡。

防控措施：根据上述原因，采取改善环境条件、正确使用农药等相应措施。

二、虫害及其防治

为害双孢蘑菇的害虫主要为菇蚊蝇，此外还有螨类、线虫等。害虫在未达到一定数量时，为害不明显，但当环境条件适合时将大量繁殖，给生产造成严重损失。

（一）菇蚊蝇

菇蚊蝇是双孢蘑菇生产中常发生的重要害虫，属于双翅目昆虫，分布广泛，种类众多，以迟眼蕈蚊、厉眼蕈蚊、瘿蚊、粪蚊和蚤蝇等较为常见。主要以幼虫咬食菌丝或子实体造成直接为害（图 9-10，彩图 9-10），成虫虽然不直接为害，但可在菇房内飞翔传播螨虫、线虫、真菌、细菌等有害生物，造成病虫害的传播蔓延，加重为害。

图 9-10　菇蚊幼虫、成虫及为害症状

菇蚊蝇食性杂，喜腐殖质，常集居在垃圾、废料和死菇上，在多年生产的食用菌基地广泛存在，即便菇房在生产之前已经杀虫，菇房内已经没有残存的菇蚊蝇，生产开始后菇房内培养料和食用菌菌丝的味道会吸引菇房外的菇蚊、菇蝇进入，如果菇房未采取防护措施或防护措施不到位，菇蚊蝇就可再次进入菇房后中，并很快大量繁殖，导致对生产造成为害。菇蚊的成虫有趋光性，常停息在门窗、玻璃等有光源的墙壁附近。

防控措施：由于菇蚊蝇幼虫在培养料和菇体内钻蛀、咬食，为害隐蔽，虫量少时难以发现，生产者发现为害症状时往往虫量已经很多，此时才开始防治，不仅防治效果差，用药量加大，易对食用菌造成药害，更易造成食用菌农药残留污染，致使存在食品安全风险。因此，针对菇蚊蝇的防治必须坚持“预防为主，防重于治”的防控理念，采取以农艺调控、物理防治、生物防治为主的绿色植保防控措施，才能既做到有效防控，又保障食用菌的产品质量安全。

(1)搞好菇房及周围环境卫生，尽量减少虫源。尤其需彻底清除菇根、菇柄、弱菇、烂菇等富含腐殖质的产菇后的垃圾，集中高温发酵堆沤处理。

(2)培养料进行二次发酵，杀死料中的虫卵。

(3)菇房的门口、窗口、风口安装 40 目以上的防虫网，有条件的基地、菇房要在门口设防虫网覆盖的缓冲间，减少菇蚊蝇成虫随人员出入而进入菇房。

(4)菇房内悬挂黄板或诱虫灯(图 9-11，彩图 9-11)，监测菇蚊蝇的发生，同时对进入菇房内的菇蚊、菇蝇起到诱杀的作用。

(5)在种菇前菇房及菇场用杀虫剂灭虫。室内用 50％敌敌畏烟雾剂 0.4 kg/1 000 m^2 熏蒸，室外可选用 5％高效氯氰乳油 3 000～4 000 倍液喷雾。

图 9-11　菇房内应用杀虫灯和黄板、走廊和通道挂黄板

(6)生物药剂防治。在双孢蘑菇生产中可用 Bti 粉剂处理培养料或覆土，使用剂量为 6 000 IU/mg 的 Bti 粉剂用量为 10 g/m^2。于菇蚊蝇发生初期使用效果好，可在有机双孢蘑菇生产基地推荐使用。

(7)化学药剂防治。培养料拌种前，先在培养料中喷施 4.3%高效氟氯氰·甲阿维乳油(4%高效氟氯氰菊酯和 0.3%甲氨基阿维菌素的复配剂)1 000 倍液，边喷边拌料，视培养料的干湿情况，每 100 kg 培养料喷施 2～4 L 药液，然后开始铺料播种，播种后在料面覆盖一层无纺布，并在无纺布表面喷 1 000 倍液。在料面菌丝发满后即可覆土，覆土材料也要喷 2 000 倍液，闷 3～5 d 后用于床面覆盖。培其养料经过药剂处理后对害虫产生驱避和杀虫作用，使之安全发菌，正常出菇。

(二)害螨

害螨是一类属蛛形纲蜱螨目微小有害生物(图 9-12，彩图

9-12)，分布广泛，发生普遍，种类繁多，食性极杂。害螨繁殖力极强，一旦侵入危害极大。害螨的若螨和成螨均可直接咬食菌丝，把菌丝咬断，引致菌丝萎缩不长，造成接种后不发菌，或发菌后出现“退菌”现象，严重时培养料内的菌丝全被食光，造成只菇无收；子实体生长阶段，害螨也能咬啮小菇蕾及成熟子实体，在子实体表面形成不规则的褐色凹陷斑点，造成菇蕾死亡、子实体萎缩或畸形。除直接危害外，害螨还会携带病菌，传播病害。

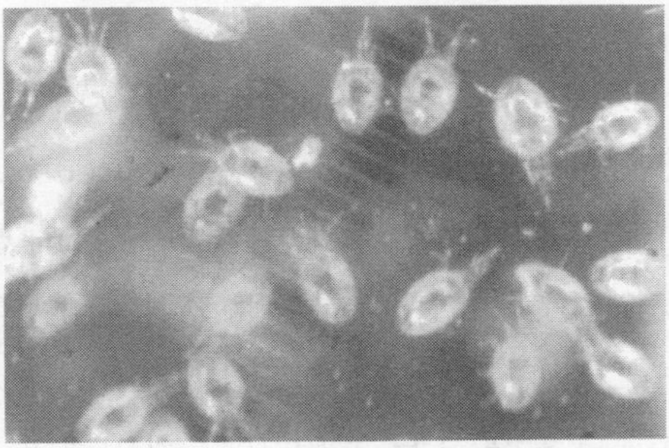

图 9-12　害螨显微照片

害螨的主要种类分属于粉螨科、长头螨科、矮蒲螨科、囊螨科和微离螨科等。常见种类有腐食酪螨、蘑菇嗜木螨、害长头螨、食菌穗螨、隐拟矮螨、矮肛厉螨和兰氏布伦螨。

多数害螨喜温暖潮湿环境，常潜伏在稻草、米糠、麦皮、棉籽壳中产卵，并随同这些材料进入菇房，在环境不良时变成休眠体，休眠体腹部有吸盘，能吸附在蚊、蝇等昆虫体上进行传播。螨虫在15～38℃为繁殖高峰，当温度在5～10℃时，虫体处于静止状态，温度上升至 15℃以上时，虫体开始活动。20～30℃，一代历期 15～18 d。每只雌螨产卵量 50～200 粒，有些螨虫如害长头螨能幼体生殖，繁殖速度快。螨虫能以成螨和卵的方式在菇房层架间隙内越冬，在温度适宜和养料充分的时候继续危害，因此，菇房中一旦发生害螨，短时间内难以彻底防除。

防控措施：

(1)选用无螨菌种，菌种带螨是导致菇房螨害暴发的主要原因。

(2)培养料进行二次发酵，杀灭其中的螨虫和卵，菇房在生产开始前进行彻底灭虫处理。

(3)在生产期间发生螨害，采用药剂防治时要选用高效低毒低残留的安全杀螨剂，用药前要将菇床上的蘑菇采净，用药后采收一定要严格执行农药的安全间隔期。药剂可选用 4.3%菇净 1 000 倍液喷雾，5 d 后再用 10%浏阳霉素乳油 1 000～1 500 倍液喷雾。

(三)线虫

线虫属线虫门线虫纲(图 9-13，彩图 9-13)，种类亦很多，分布广泛，在田园土做覆土材料的栽培中发生普遍。线虫为害双孢蘑菇可造成毁灭性损失，寄生线虫主要吸食和消化菌丝细胞的营养物质，使菌丝生长受阻，严重时萎缩消失，使培养料变湿、变黑、发黏。腐生线虫群集在一起依靠头部快速搅动使食物断成碎片，然后进行吸吮和吞咽。此外，因线虫钻食为多种细菌、真菌、病毒等病原菌入侵创造了条件，使其他病害进一步加重或诱致发生新的病害。

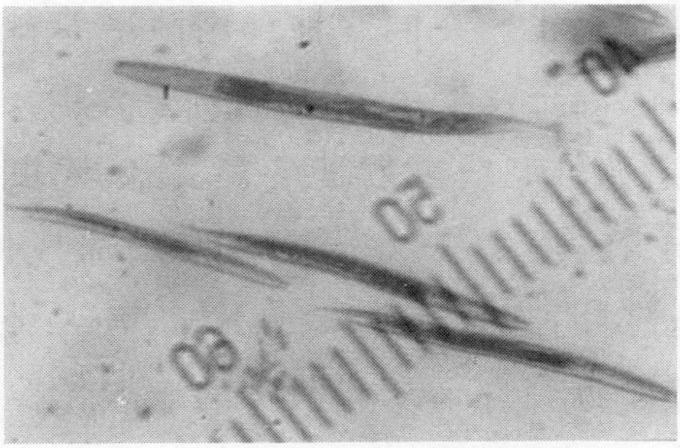

图 9-13　线虫显微照片

为害最严重的线虫种类分属于滑刃线虫属的蘑菇堆肥线虫（又名堆肥滑刃线虫）和茎线虫属的蘑菇菌丝线虫（又名噬菌丝茎线虫）。此外，小杆线虫为腐生线虫。

线虫生存范围广，繁殖能力强，速度快，一条成熟雌虫可产卵数十粒至上千粒，常温下 10 d 左右即可繁殖一代。线虫对低温与干燥环境有一定耐力。18℃时蘑菇堆肥线虫从卵发育到成虫约 10 d，蘑菇菌丝线虫从卵到成虫约 26 d，30℃时小杆线虫从卵发育到成虫 12～16 d。线虫对高温的忍耐力较弱，试验观察 60℃时 1 min，即 100%死亡。线虫以身体蠕动在土壤毛细管或其他基质微孔中穿行移动，水是其活动与为害的必要条件，活动时需有水膜存在。培养料含水量偏高，有利于线虫的活动与为害。据观测线虫数量与培养料干湿有一定相关性，湿料线虫多，干料少。当环境条件不利时以休眠状态在干燥土壤中可存活几年。蘑菇堆肥线虫和蘑菇菌丝线虫在水中都有聚团现象。小杆线虫也有群集觅食习性,经常成团聚集在瓶(袋)壁上。在同一种食用菌培养料中,线虫多为两种或两种以上混合发生,其数量比例差异很大,优势种表现明显。通常,蘑菇堆肥线虫数量最多,杆型线虫次之,蘑菇菌丝线虫相对偏少。用牛粪、稻草、甘蔗渣、棉籽壳等做培养料多带有线虫或虫卵,如果堆制发酵不好就成为侵染源。采用富含有机质 pH 近中性又未经消毒的土壤作覆土材料,或用不清洁的水喷洒,或旧菇房、旧床架缝隙中残存休眠虫体和虫卵没能彻底消灭,都是线虫侵染的主要来源。此外,线虫还可随雨水漂流,或黏附在蚊、蝇、螨及跳虫等害虫的身体或体毛上随其飞迁、移动,进行扩散。

防控措施:

(1)培养料进行二次发酵处理,杀死线虫。

(2)使用清洁干净的水源喷洒栽培料。水源不洁净可加入适量硫酸铝沉淀出杂质与线虫。

(3)对菇房进行严密消毒,栽培前或栽培结束后对有关的操作工具及场所保持 3 h 以上 55℃高温,杀死所有线虫。或栽培前用 2%石灰水喷洒栽培地面与四壁,或用 1.8%阿维菌素乳油 2 000～2 500 倍液喷洒菇房、菇床及地面,或用甲醛 10 mL/m^3 与敌敌畏 10 mL/m^3 混合密闭熏蒸 24 h。保证地面不积水,及时清除残留在菇房的烂菇及一切废料。

(4)覆土用 60℃高温处理 10 min 以上,或 1.8%阿维菌素乳油 35～50 mL/m^3 处理。

(5)药剂处理蘑菇菇床料面，出菇前可用 1.8%阿维菌素乳油 2 000～2 500 倍液喷洒。出菇后发现被害，及时清除感染区后四周健康区用上述药剂喷洒控制，并注意保持培养料适宜含水量，防止水分过多。

参考文献

［1］王贺祥，等. 食用菌栽培学. 北京：中国农业大学出版社，2014.

［2］李荣春. 优质双孢蘑菇堆肥的现代堆制模式. 中国食用菌，2001，20(1)：24-26.

［3］李荣春. 英国蘑菇现代化栽培模式. 中国食用菌，2001，20(3)：9-11.

［4］皮特·欧. 国外菇菌栽培技术. 叶彩云译. 南昌：江西科学技术出版社，2011.

［5］许修宏，等. 堆肥微生物学原理及双孢蘑菇栽培. 北京：科学出版社，2010.

［6］蔡为明，等. 双孢蘑菇栽培实用技术. 北京：中国农业出版社，2011.

［7］L. J. L. D. Van Griensven. The Cultivation Mushroom. Printing：GRAFIGROEP/Drukkerij Waa/wijk b. v.，Waa/wijk. 1988.

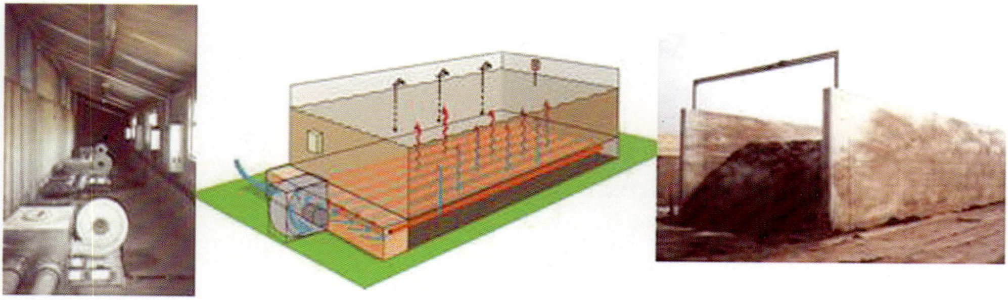

彩图 3-3　一次发酵系统示意图

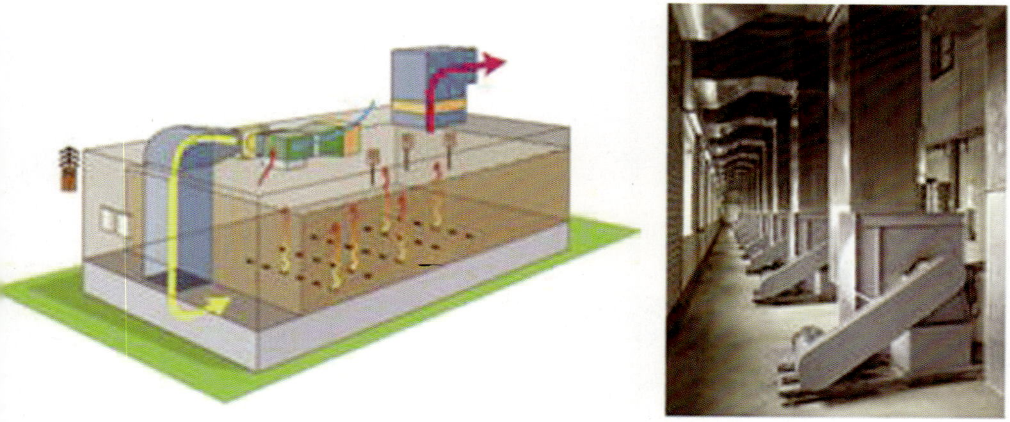

彩图 3-4　二次发酵系统示意图

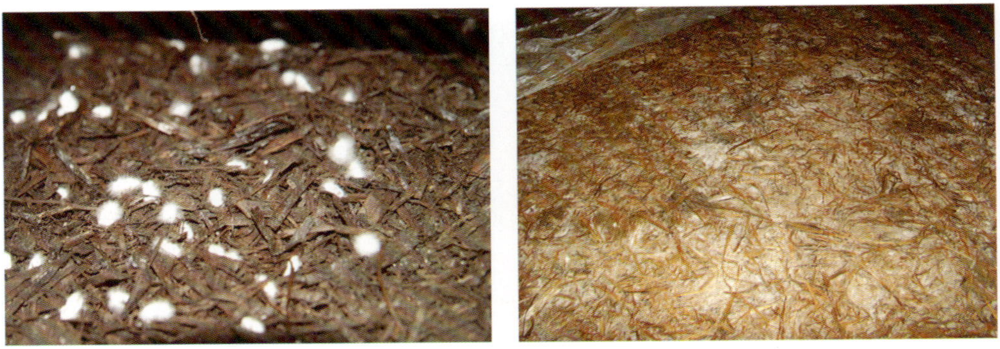

彩图 7-13　播种后 5 d 和菌丝长满培养料

彩图 9-1　木霉污染双孢菇培养料

彩图 9-2　链孢霉

彩图 9-3　白色石膏霉侵染菇床

彩图 9-5　胡桃肉状菌及危害的菇床

彩图 9-7　疣孢霉对菇床造成的为害

彩图 9-8　菌丝徒长

彩图 9-9　蘑菇死菇

彩图 9-10　菇蚊成虫、成虫及为害症状

彩图 9-11　菇房内应用杀虫灯和黄板、走廊和通道挂黄板

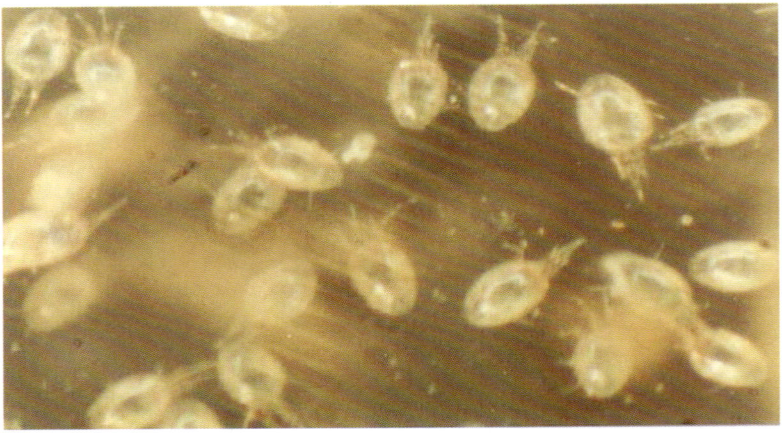

彩图 9-12　害螨显微照片